한명숙 · 홍세원 · 김유성 지음

The Body Art

Chung-Ku Publishing CO.,

저자소개

한명숙
대구대학교 대학원 조형예술학 박사 졸업
국제 메이크업 분장 공인(CIDESCO)자격증 취득
한국 메이크업 디자인학회 · 한국 미용학회 · 한국 메이크업교수협의회 상임이사
한국색채디자인학회 · 한국색채학회 정회원
(현)동주대학 미용계열 조교수

홍세원
영남대학교 조형대학 서양화전공 졸업
대구대학교 대학원 조형예술학 박사과정
(현)동주대학 미용계열 겸임교수
HK make-up & art 대표

김유성
한성대학교 예술대학원 패션예술학과(분장예술전공) 석사 졸업
국제 메이크업 분장 공인(CIDESCO)자격증 취득
(전)슈에무라 메이크업 아티스트
(현)동주대학 미용계열 겸임교수

책을 내면서...

원시시대부터 이미 존재했던 바디아트는 20세기 후반 포스트모더니즘의 영향으로 인간이 지닌 원초적이고 생명력 있는 예술로 다시 부각되고 있다. 바디아트(Body Art)는 인간의 신체를 예술의 재료로 삼는 광범위한 범주로써 최근에는 신체의 미적 표현수단 뿐만 아니라 정신세계의 상징적 표현에 이르기까지 그 범위를 넓혀 새롭게 인정받고 있다.

메이크업 차원에서 바디아트의 예술적 가치는 미적 의식세계를 표현하기 위한 과정으로서만이 아니라 전위예술과 대중예술로써 살아있는 영혼과 육체에서 품어져 나오는 에너지와 율동감 등은 다른 어떤 예술보다 강한 메시지와 감동을 주며, 메이크업은 예술의 보조적인 역할에서 한 개인의 독자적인 예술은 물론 무대, 미술, 음악 등이 조화를 이루는 총체적 예술로 인식되고 있다.

이에 본서에서는 메이크업 아티스트, 인체예술가, 행위예술가 등의 전문가를 위하여 바디아트의 개념적인 이론에서 실기 응용까지 쉽게 접근하고자 제 I 장에서는 바디아트의 개요, 제 II 장에서는 바디아트의 조형요소 및 재료, 제 III 장에서는 바디아트의 표현방법을 문신, 상흔, 채색, 변형 및 제거로 나누어 다루었으며, 제 IV 장에서는 바디아트의 상징적 특성을 주술적, 심미적, 사회적, 심리적으로 나누어 설명하였다. 또 제 V 장에서는 바디아트를 예술사조와 접목하여 작품을 해석하고자 하였으며, 제 VI 장에서는 바디아트의 응용작품으로 다양한 소재의 이미지를 작품화하여 작품 map에서부터 일러스트, 완성작품까지 포토폴리오로 직접 활용할 수 있도록 구성하였다.

따라서 본서의 작품들은 수년전의 작품에서부터 최근의 작품에 이르기까지 간추려 모은 것이며, 특히 수업을 통해 학생들과 함께 한 실험작품들과 각종 이벤트 작품 및 졸업작품 등이 다수 수록 되었다.

원고진행에 뜻을 함께 모아준 분들에게 감사를 드리며, 부디 이 작은 책자가 아직도 바디아트에 대한 동양의 배타적인 인습과 비하에도 불구하고 바디아트를 예술의 한 장르로 성숙시키는 계기가 되기를 진심으로 바라며 후진들에게 기본적인 학습자료로 활용되기를 기대한다.

끝으로 이 책이 나오기까지 편집에 수고를 아끼지 않으신 이동기 사장님께 감사를 드리며, 늘 기다려 주시고 협조해 주신 도서출판 청구문화사 이상태 사장님께 진심으로 감사의 뜻을 전한다.

2006년 새봄

저 자

CONTENTS

CONTENTS

Ⅰ. 바디아트의 개요

1. 바디아트의 개념

2. 바디아트의 기원

3. 바디아트의 예술적 특성

   1) 신체미술

   2) 행위예술

   3) 신체장식

Ⅰ. 바디아트의 개요

1. 바디아트의 개념

바디아트(body art)의 개념적 정의를 내리기 위하여 먼저 바디아트의 개념을 바디(body)와 아트(art)의 개념으로 나누어 살펴보고자 한다.

바디는 신체(身體) 또는 인체(人體)라는 의미로 사용된다. 여기서 신체는 한자어로 몸신(身), 몸체(體)로 해석되며, 인체는 사람인(人), 몸체(體)로 해석되어 엄밀히 정의하면 신체는 동물의 몸까지 확대해석이 가능하나 인체는 사람의 몸으로 한정하여 해석할 수 있다. 또한 아트(art)는 국어사전에 의하면 예술이란 '어떤 일정한 재료와 양식, 기교 등에 의해서 미를 창조하고, 표현하는 인간의 활동 또는 그 산물'을 지칭한다. 여기서의 산물이란 문학, 음악, 회화, 조각, 연극, 영화 등 다양한 분야를 일컫는다. 그러므로 사전적 의미로 바디아트를 정의하자면 '바디아트는 인간의 몸을 대상으로 어떤 일정한 재료와 양식, 기교 등을 사용하여 미를 창조하고 표현하는 인간의 활동이나 산물'로 규정할 수 있다.

따라서 바디아트는 인간의 신체를 형상화하는 조형예술분야의 하나이며, 인간의 몸이 예술의 행위자인 동시에 표현의 재료로써 나타나는 예술형태라고 정의할 수 있다.

2. 바디아트의 기원

인류의 태동과 함께 시작됐던 바디아트는 고대 원시사회에서부터 문명이 극도로 발달한 현대사회에 이르기까지 인간의 본능적, 사회적 표현 욕구를 충족시키기 위해 다양한 방법으로 이용되어 왔다. 다시 말하면 한 시대의 문화와 역사는 현존하는 것이지만 과거로부터 유래된 것처럼 바디아트의 역사 또한 원시인류로부터 시작되어 다양한 형태로 변화와 발전을 거듭하여 왔다.

인류가 언제부터 자신의 몸에 색을 이용하여 칠함으로써 창조적 충동을 표현하고자 했는지 정확하게 알 수는 없으나 모든 대륙의 사람들이 선사시대부터 그들만의 독자적인 방법으로 변화를 추구하고자 한 것은 벽화와 유물을 통해 확인할 수 있다. 벽화나 선사시대 유물에서 사용된 색상은 빨강색, 노랑색, 검정색, 흰색 등 비교적 다양했으며 염료로는 흙에서 나온 광물, 황토를 주로 사용하였다.

신체를 통한 자아표현은 그것이 외모를 바꾸기 위한 것이든 다른 부족과의 구별을 위해서든 또는 종교적 의식으로 사용되었든, 시대가 지날수록 점점 더 세련되어졌을 뿐 아니라 그 시대의 예술적 표현물로서 오늘날까지 전세계에 산재되어 남아있다. 그 대표적인 예로 고대 이집트 사람들의 화장에 나타난다. 이 시기에는 남성과 여성이 구별없이 미의 추구를 위하여 붉은 색의 식물성 염료인 헤나(henna)를 손과 발에 바르고, 검정색 코올(kohl)을 사용해 눈화장을 하고, 녹색이나 청색 등의 착색료를 눈 주위 등에 칠했다. 그리스 여성들은 백납 분을 사용하여 피부를 희게 표현하였고 볼과 입술을 붉게 칠하였다. 또한 로마인들은 상당 부분 그리스의 풍습을 따랐으며 다양한 향장료와 향수를 사용하였다. 단순한 얼굴 채색으로부터 시작된 신체표현 행위는 부족이나 신분을 나타내는 등 더욱 진보적인 형태로 발달되면서 파라오의 이집트 여인이나 아테네의 상류계급인들, 메소포타미아의 수메르 귀족 여인들 사이에서 성행했으며 신체표현 행위는 오늘날의 메이크업과 바디아트가 그 역할의 자리를 잡아가는데 토대가 되었다.

원시 바디아트는 발전과 쇠퇴를 거듭해오면서 역사속으로 사라져 갔으나 1966년 아트 디렉트인 리트(Ritt, Martin, 1914~1990.12.8)에 의해 현대적 예술의 한 장르로 표현되기 시작했다. 바디아트는 신체에 시각적으로 표현할 수 있는 모든 방법을 사용하여 이미지를 형상화하는 것으로 국내에서도 근래 들어 활발한 움직임을 보이고 있다.

바디아트의 기원은 여러 학설로 설명되는데 지신의 신체를 아름답게 장식함으로서 타인에게 자신의 미적 우월성을 드러내고 싶어 하는 생태적 미화 본능설과 자신의 힘과 용기, 능력, 부를 과시하고자 하는 트로피즘, 상대방에게 공포와 위압감을 주기 위한 테러리즘, 장식을 통해 악은 물리치고 행복을 가져올 거라고 믿는 토테미즘, 신체 일부를 의도적으로 강조함으로서 시선을 끌어 자신의 성적 매력을 과시하거나 증가시키기 위한 에로티시즘 등으로 나눌 수 있다. 그러나 바디아트의 기원을 어느 한 기지 설로만 설명하기는 어렵다. 그것은 각 민족에 따라 목적과 동기가 다르게 나타나기 때문이며, 바디아트의 기원은 한 사회의 지배적인 문화에 따라서 달라진 것으로 보여진다.

3. 바디아트의 예술적 특성

1) 신체미술

선사시대의 흔적 중 오늘날 우리가 예술적이라 부를 수 있는 최초의 것들에서 나타나는 몇 가지 예를 들면, 손자국을 찍는다든지 주술적 의식과 미술활동이 복합적으로 표현되며, 어떠한 목적을 위해 신체에 채색을 하는 것 등은 사회적, 정신적, 예술적인 모든 활동이 하나의 범주 안에서 이루어졌다는 것을 보여주고, 이것이 현대의 신체미술이 지향하는 목표 중 큰 부분을 차지하며 신체미술이 갖는 개념의 정립에 인류학적 단서를 제공 해 준다.

신체미술이라는 미술사학적인 맥락에서 올랑(Orlan)은 1990년 그녀의 43세 되는 생일날〈성 올란의 환생(reincarnation of saint Orlan)〉이라는 제목의 프로젝트를 시작하였다. 이 프로젝트는 올랑의 얼굴을 여러번의 성형수술을 거쳐 변모시켜 나가는 작업을 기획하는데, 그 계획에 따라 올랑은 10여년간에 거쳐 9번의 성형수술을 실시하였다.

올랑의 작업에 대하여 오늘과 같은 이미지 중심적인 테크놀러지 시대에 '끊임없이 변해가는 가는 몸'을 말함으로서 미술사학적으로는 70년대의 바디아트의 테크놀러지화한 버전이 되고, 인식론적 측면에서는 몸과 정체성의 문제를 노출시키며 여성주의는 물론, 포스트휴먼 논의로까지 이야기가 번저갈 수 있는 흥미로운 실마리를 제공하였다.

1990년 이후 신체 표현은 국내•외를 막론하고 한마디로 정의할 수 없는 다양한 양상을 띠고 있다. 과거의 이분법적 담론에서 탈피, 통합적이고 복합적인 의미를 나타내기도 하고, 성차별주의나 인종주의, 계급주의를 비판하기도 하며, 때로는 애정과 학대의 대상으로, 때로는 욕망의 주체로써 작용하기도 하면서 '몸'이라는 이슈가 얼마만큼 폭넓은 영역과 의미를 가지고 있는지 나타내주고 있다.

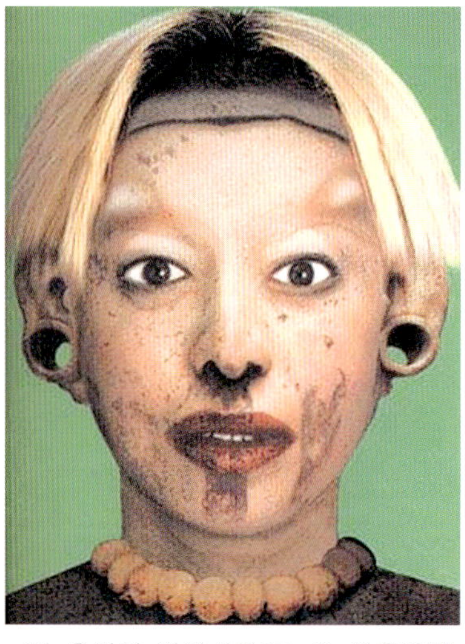

〈성 올랑의 환생시리즈〉 중 아홉번째 수술 41일후의 모습, 1993년

한국전시회 당시 올랑의 모습

2) 행위예술

행위예술이란 실행·연기·연주 등의 어학사전적 의미에서 볼 수 있듯이 회화·조각 등의 전통적인 장르개념으로는 충족할 수 없는 표현 욕구를 신체를 이용하여 시간의 흐름에 따라 표현하는 예술행위를 말한다. 신체를 이용한다는 측면에서 신체예술, 결과보다 과정을 중시한다는 측면에서 과정예술로 불리기도 한다. 또한 해프닝·이벤트 등으로도 불렸으나 점차 퍼포먼스라는 용어로 통용되기에 이르렀다.

(1) 해프닝

해프닝(happening)은 비연극적, 탈연극적 형식으로 예기치 않았던 불의의 '우연히 생긴 일' 이나 극히 일상적인 현상을 이상하게 느껴지도록 처리함으로써 야기되는 예술체험을 중시한다. 그 발상이 오랜 것으로는 미래주의의 연극이나 다다이즘, 바우하우스의 예술운동까지 거슬러 올라갈 수도 있으며, 이는 또 1950년대 말부터 1960년대 초에 걸쳐 성행한 팝 아트, 누보리얼리즘 등으로 부르는 행동적인 예술을 총칭하여 쓰기도 한다.

해프닝은 액션 페인팅(action painting)에 의한 '그린다' 는 행위가 더 확장되었을 때의 소산으로 움직이는 오브제를 사용한 한 가지 방법이다. 이것은 인간을 둘러싼 환경이나 공간상황속에서 인간의 행동을 어떤 입장에서 주목한 것이라 볼 수 있다. Yves Klein의 『인체측정』이라는 해프닝은 세 사람의 나체의 연인을 세워놓고 그들의 몸에다 물감을 칠한 뒤 땅바닥에 길게 깔아놓은 화포 위에다 나부들은 구르게 하여 배꼽이나 코와 머리카락의 흔적이 찍히도록 한 것인데 문자 그대로 인체의 탁본(拓本)을 뜬 것이라 볼 수 있다. 그는 인간세계가 너무나 인위적인 허상으로만 가득 차 있는 것에 불만을 품고 그 허상의 공간을 원형으로 되돌려 놓기 위해 군중들의 상식을 뒤엎는 기상천외한 행위를 하였는데, 이러한 해프닝은 소외된 인간을 본래의 모습대로 되돌리기 위한 것이다. 그러나 인체를 표현도구로 사용함으로써 인체에 대한 신비감이나 생명에 대한 애착, 존중감 없이 대상처럼 무심하게 취급하고 있다. 작가들은 즉흥적 창작성, 세련된 작품성, 퍼포먼스를 통한 완벽한 시각적 환상을 다양하게 표현하고 있다. 그 작가로는 독일의 Vera Lehndorff (1939~), 슬라이드를 이용하여 바디페인팅의 평면화를 유도한 Yves Klein(1928~1962)과 대중 앞에서 자신 스스로 신체의 변화를 보여주는 작품을 하는 빈 풍의 몸짓이나 행위의 창설자인 Gunter Brus 등이 있다.

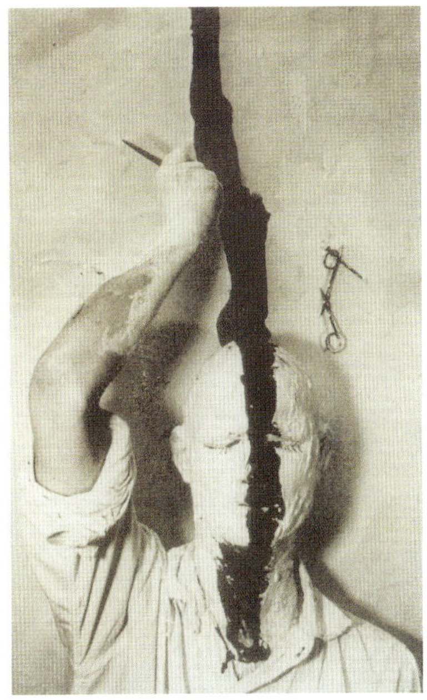

Gunter Brus의 1965년 作

Vera Lehndorff와 Veruschka의 1986년 作, 변형으로부터의 산화(酸化)

(2) 퍼포먼스

퍼포먼스의 어원은 라틴어 Perfuntio 또는 Funtus(oims, fungi)에서 유래한다. 실제의 관중 앞에서 예정된 코스를 '실행' 한다는 것은 공통점으로 하는 다양한 행위양식을 포괄하는 용어로 전통적인 의미의 연극, 음악, 무용과 같은 공연예술(performing art)이 아닌 독립된 장르로서 실험적인 경향의 실연예술(live art)이다. 이러한 사실은 퍼포먼스가 일정한 공간 안에서 제한된 시간으로 어떤 매체를 사용해서 행해지는 예술형식이라는 것을 알게 하며, 시간의 추이에 따라 진행되는 사건의 과정을 중시하는 시공간 예술의 특성을 나타내고 있다고 하겠다. 퍼포먼스라는 말의 쓰임새는 공통적으로 과정을 중요시하는데, 과정을 통해 인생관, 세계관, 자연관을 표현하는 수단으로 작용하기 때문이다. 해프닝, 바디아트, 이벤트, 총체연극, 환경미술, 복합 매체 등의 퍼포먼스적 성격의 예술 형식들은 과정적 성격이 짙다. 이는 결과를 중요시하는 전통적 의미의 예술과는 다른 현대 예술의 두드러진 특징이기도 하다.

또한 퍼포먼스는 회화, 조각과 같은 물질적 결과의 산출이 아니라 예술가의 신체적 행동, 행위를 통해 조형적 표현을 하고자 한 것으로서 실제 관중 앞에서 예정된 코스를 실행하는 다양한 행위 양식을 포괄하는 용어를 일컫는다. 시간적 경위와 장소가 중요하기 때문에 action painting, body art, community art, happening, process art, street art 등과 관련이 있으며 민속미술, 샤머니즘, 어린이들의 놀이, 종족습관과도 유사성을 지니고 있다.

퍼포먼스는 연극, 무용, 음악 등의 공연예술과는 다른 독립된 장으로서 신체를 매체로 하는 예술영역으로 무한한 가능성과 다양한 표현의 요소를 가진 예술의 한 형태이다. 그리고 삶과 예술과의 교류를 통해서 보여지는 표현들은 예술가 자신의 가장 직접적이고 강력한 의지의 표현으로 미의 절정으로 생각된다. 최근 무용수, 연극인, 미술가, 메이크업 아티스트 등 다양한 분야에서 새로운 예술의 표현 수단으로 눈에 띄는 작품을 접하게 된다.

Yves Klein의 1950년대 作

3) 신체장식

신체장식이란 신체에 안료를 칠하거나 머리를 묶어서 꾸미는 습속으로부터 신체에 외과적 수술을 하는 것까지 넓은 뜻으로 신체장식이라 할 수 있다.

신체장식에는 특별한 의례나 전투때에만 행하는 일시적인 것과 매일 행하는 항상적인 것이 있다. 일반적으로는 앞의 것이 화려하고 디자인이 기발한 것이 많으며, 뒤의 것은 항상적인 부적 같은 것 외에 계급이나 직능 등과 같은 사회적 지위를 나타내는 역할을 하는 경우가 많다. 흰색이나 붉은 흙, 식물에서 얻은 특정 색소나 어떤 무늬, 디자인이 특별한 주력(呪力)을 가진다는 관념은 문화에 따라 다르긴 하지만 세계 각지에 존재한다.

신체장식은 자연속에서 동물과 인간을 구분하여 주는데, 신체장식을 통하여 자연환경이나 사회환경으로부터의 두려움에서 신체적 • 심리적으로 보호를 받거나, 소속집단의 사람들과 외부인을 정확하게 구별하면서 자신의 집단에 대한 충성심을 표현하였다. 소속 집단에서 권위와 지위, 성공의 정도를 표현하기 위해 신체를 장식할뿐 아니라, 제식 행사와 의식 행사에서 보여지는 장식은 신에 가까운 위엄을 보이기 위한 지위와 재력이 있는 자들의 힘을 상징하는 것이었다. 또한 자신의 아름다움을 과시하거나 이성의 주의를 끌기 위해 신체의 일부를 은폐하거나 뛰어나게 장식하기도 하였다.

헤나문신은 신체장식의 목적 뿐만 아니라 다양한 제례의식을 위하여 사용하였다.

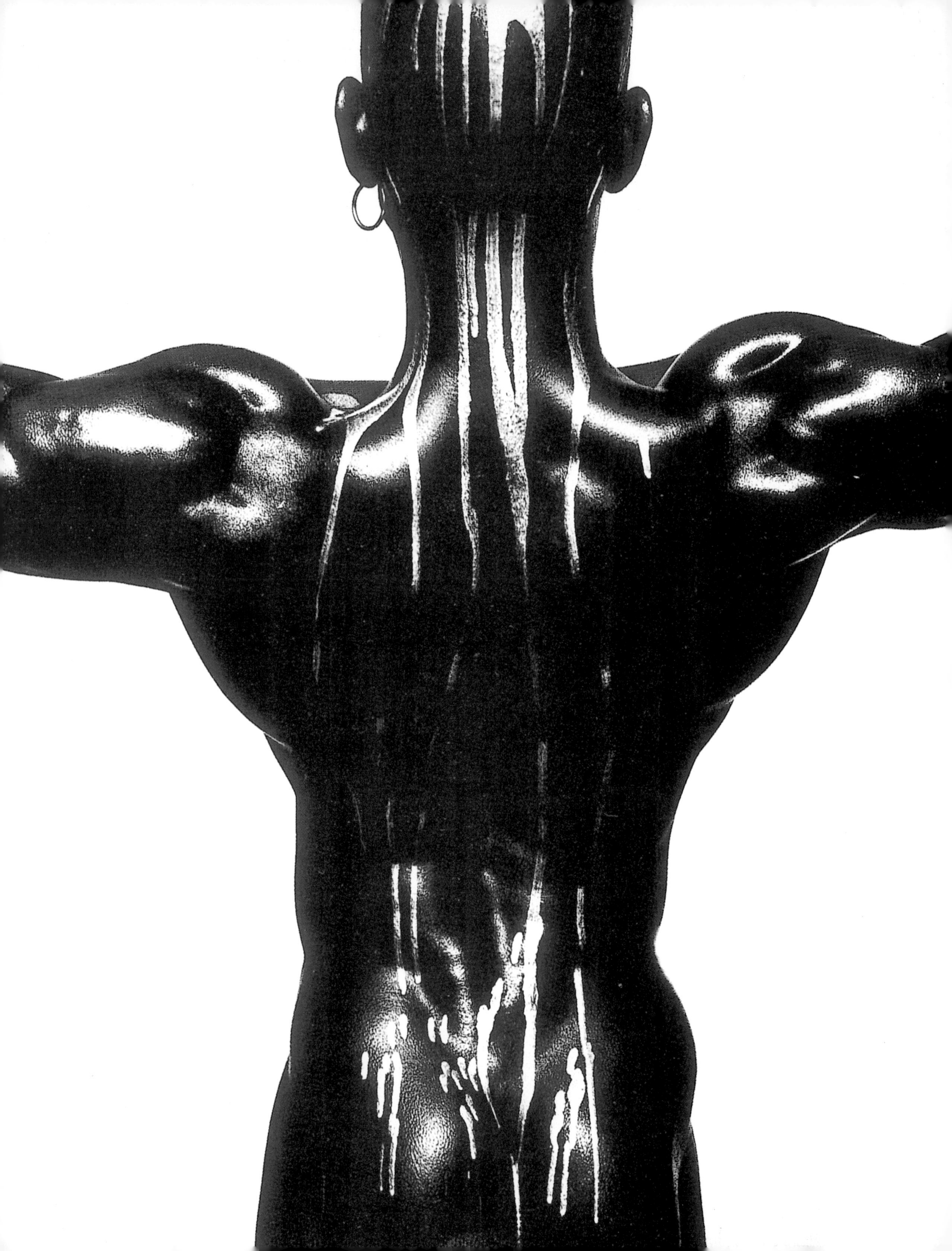

Ⅱ. 바디아트의 조형요소 및 재료

1. 조형요소

1) 형태 (Form)

2) 색 (Color)

3) 질감 (Texture)

4) 디테일 (Detail)

2. 재료와 도구

1) 재료 (Material)

2) 도구 ((Instrument)

Ⅱ. 바디아트의 조형요소 및 재료

1. 조형요소

디자인의 조형요소를 파악하기에 앞서 조형(造形)이란 단어의 의미부터 파악하여 보면, 조형이란 공간에 존재하는 인간이 만든 모든 것을 지칭하는 말이다.

디자인에 있어 조형요소란, 인간이 무엇인가를 만들고자 할 때 결정짓는 형식적인 것들을 의미한다. 디자인의 조형적요소는 형태, 색, 질감, 디테일 등으로 크게 나누어 볼 수 있다. 따라서, 조형예술은 물질적 재료를 이용한 유형적 미(美)로 시각에 호소하는 예술로써 회화, 판화, 조각, 건축, 공예, 영상예술 등을 총칭하는 예술을 뜻한다.

1) 형태(Form)

형태란 1차원의 점과 2차원의 선, 그리고 3차원의 면을 통해 이루어지는 모든 조형형식을 말하는 것으로서 일반적으로는 주로 3차원적인 입체를 의미할 때 많이 사용되는 용어이다.

(1) 점, 선, 면

① 점

기하학적으로 크기도 없고 위치만 갖고 있는 점은 시각적으로는 엄연히 점으로 인지되고 있으므로 조형 요소에서 점은 가장 기본 단위이다. 아무것도 없는 공간에서 점이 생기면 공간에 초점과 중량감을 형성하게 되며, 점이 속해 있는 공간의 상황에 따라 점의 의미가 달라진다. 다자인에서 말하는 점은 크기도 색채도 가지며 상대적이기는 하지만 형태도 가질 수 있다. 점의 형태로서 대표적인 것은 원형이지만 타원이나 사각형, 삼각형 등의 점은 방향성이 추가될 수도 있다.

② 선

선은 점이 일정한 방향으로 움직여 나간 흔적이며, 기하학에서의 선은 무수히 많은 점들의 집합이라 말한다. 점이 움직이면 점이 시작한 위치에서 끝나는 위치까지의 길이를 가진 선이 되며 선은 정적인 점과는 달리 동적인 성질을 가지며 움직임을 갖게 되어 방향성이 생긴다. 선은 그 길이나 넓이, 농도 또는 방향에 따라 다양한데, 이러한 다양성을 활용함에 따라 작품의 결과가 달라진다. 일반적으로 직선은 경직성, 명확성, 단순성, 직접적 표현 등과 같이 남성적인 느낌을, 두꺼운 선은 대담함과 신중하고도 묵직한 느낌을, 지그재그는 흥분을 느끼게 한다. 특히 곡선이 주는 감정은 자유, 유순, 우아, 여성적인 유연함 등을 느끼게 하는데 자유 곡선 중에서 최대의 선은 인체의 선이다.

③ 면

선의 기본 개념이 두 점 사이를 연결하는 것이라면 기하학에서의 면의 개념은 세 개 이상의 점 사이를 서로 연결함으로써 이루어진다. 그래서 면은 최소 3각형부터 면이라고 할 수 있는 것이며 2각형은 존재하지 않는다. 면은 점과 선에서 느낄 수 없었던 원근감과 질감을 포함할 수 있으며, 색채효과에 의한 공간감이나 입체감을 느낄 수 있다. 또한 선의 이동이나 회전으로 이루어지는 것이므로 선의 성격에 의해 면의 성격도 영향을 받는다.

칸딘스키 作

칸딘스키 作

(2) 형태유형

형태란 자연에서 얻어지는 형태와 인간에 의해 인공적으로 얻어지는 형태로 대별되는데 자연적인 형태를 구상적(具象的) 형태라 하며 인공적인 형태를 추상적(抽象的) 형태라 하는데, 이 중에서도 주로 평면적으로 나타나는 형태를 shape라 칭하고 입체적으로 지각되는 형태를 form이라 부른다.

형태란 모든 사물이 인간에게 구체적으로 자신의 형상을 드러낸 시각적인 전달매체로서 이러한 형태를 통해 인간의 모든 시지각적인 반응의 원천이 되는 것이다.

• 구상적 형태

구상적 형태란 자연에서 표현되는 모든 형태를 일컫는 것으로서 우리 주변에서 흔히 볼 수 있는 자연물이며 이러한 형태들이 바로 인간이 만들어내는 추상적 형태의 기본이 된다. 구상적 형태는 가장 자연적인 것으로서 직선이나 기하학적인 선보다는 주로 곡선이나 자연적인 형태의 선이 많이 사용되며 이러한 구상적인 형태를 표방하여 회화나 조형예술에 적용하고자하는 움직임이 역사적으로 아르누보 운동 등을 비롯하여 자주 일어났었다.

• 추상적 형태

추상적 형태란 인간의 창의력에 의해 조형화한 인공적인 형태를 일컫는 것으로서 구상적인 자연체를 형상화하여 만들기도 하며 인간의 상상력에 의해 완전히 새로운 형태가 만들어지기도 한다. 또한 추상적 형태에는 수리적인 논리를 형상화하여 만들어지는 기하학적인 형태가 있으며 이러한 수리적인 논리성이나 배경 없이 인간의 창의적인 미의식에 근거하여 만들어지는 비기하학적인 형태가 존재한다. 기하학적으로 가장 기본적인 형태는 삼각형, 사각형, 원으로서 이러한 기본적인 형태를 중심으로 부가적으로 다양한 형태들이 만들어지게 된다.

① 삼각형

직선으로 만들어지는 가장 단순한 면의 형태를 구성해 주는 기하학 형태로서 3개의 꼭지점과 3개의 변을 통한 면으로서 이는 변이나 각의 유형에 따라 안정된 형태를 취하기도 하고 또는 날카롭거나 불안정한 형태를 취하기도 한다.

이는 조형적으로 기념비적인 성격에 어울리는 형태로서, 특히 고대로부터 피라미드를 비롯하여 크고 작은 건축물이나 조형물에서 기념성을 표현해 주기도 하며 최근의 해체주의적인 공간구성에서 역삼각형을 통해 기존 공간구조에 대한 새로운 해석 등을 통해 공간에 깊은 갈등구조를 형성하기도 한다.

② 사각형

사각형은 네 개의 직선과 네 개의 각으로 만들어지는 면으로서 실내조형을 비롯하여 인간의 생활을 다루는 조형으로서는 가장 보편적으로 사용되는 형태이다. 이는 공간을 가장 합리적으로 창출해 낼 수 있는 기본단위로서 안정적이고 견실한 느낌을 주는 형태이다.

③ 다각형

다각형이라 함은 삼각형이나 사각형과 같이 보편적인 공간형태가 아닌 오각형 이상의 각을 가진 각형들로 구성된 조형형태이다. 이러한 형태는 단순히 정오각형, 정육각형 등과 같은 정형적인 형태의 다각형뿐만 아니라 비정형적인 형태를 가진 다각형으로 조형되기도 한다.

④ 원형 또는 곡선

이는 사각이나 삼각과 같이 각이 없이 어떠한 점을 중심으로 일정한 거리에 있는 점들의 집합으로 이루어진 도형으로서 곡선으로만 이루어진 형태이다. 원형이 가지는 공간적인 느낌은 곡선으로서 느껴지는 부드러움, 원만함과 같은 정서가 지배적이며 또한 직각이나 삼각에서 느껴지는 엄격함으로부터 어느 정도 융통성이 있는 여유를 제공하는 형태이다.

원형은 동 · 서양을 불문하고 예로부터 다양하게 건축이나 실내조형에서 적용되어 왔으며 완전한 화합, 평화 또는 승리 등과 같이 풍요와 기쁨의 원천이 되는 정서의 표현으로 상징화되어 왔다.

2) 색(Color)

(1) 색의 개념

빛이 없다면 색도 존재할 수 없다. 빨강, 초록, 오렌지색으로 보이는 물체가 본질적으로 그 색을 갖고 있는 것은 아니다. 어떤 물체가 특정색을 갖고 있는 것처럼 보이는 것은 그 물체의 표면에 부딪쳤다가 반사되는 빛의 작용 때문이다. 빛에서는 삼원색인 빨강, 파랑, 초록색을 내는 광선을 적절한 분량으로 혼합하면 어떠한 색도 만들 수 있다. 빨강, 초록, 파랑은 빛의 삼원색이다.

색채는 광원으로부터 나오는 빛이 물체에 비추어 반사, 투과, 흡수될 때 눈의 망막과 여기에 따르는 시신경의 자극으로 감각되는 현상이다. 따라서 색은 사물 자체의 특성이 아니라 빛의 특성이며, 색이 있는 주변 환경의 영향을 받아 변하게 된다.

색과 색채는 구분될 필요가 있다. 색은 시지각 대상으로서의 물리적 대상인 빛과 그 빛의 지각현상을 일컫는다. 색채는 물리적 현상으로서의 색이 감각기관인 눈을 통해서 지각되었거나, 그러한 지각현상과 같은 경험효과를 일컫는다. 색이 물리적 현상인 데에 비해 색은 심리적 현상이라고 할 수 있다.

(2) 색에 의한 감정과 이미지

색은 사람의 감각이나 감정을 자극하는 효과가 있으며 색마다 그에 따른 감각과 감정도 다르다. 색채와 감각 그리고 감정의 관계가 구체적으로 어떻게 연결되는 것인가는 개인차가 있지만 어느 정도의 보편성을 띄고 있다. 또한 어떠한 색에 대한 경험과 인상의 강약에 따라 색은 그와 관계하는 여러 가지 사항을 연상하게 한다.

빨강(Red)

빨강은 생명의 색으로 활력, 흥분, 정열, 감동의 색이라 한다. 빨간색을 바라보면 원기가 생겨나기 때문에 에너지의 색, 건강색이라고도 한다. 빨간색은 인간적이며 가장 따스한 느낌을 지닌 색인 반면에 공포심과 무절제한 열정, 욕정, 지나친 분노심을 불러 일으킬 수 있다.

빨간색으로 연상하고 상징되는 이미지는 자극적, 정열, 흥분, 애정, 위험, 피, 분노, 열, 저녁노을 등이다.

빨간색을 좋아하는 사람은 의욕적, 외향적, 적극적이며 호기심도 강하다. 빨간색은 따뜻하고 가까우며 매력적이고 감각적이다. 사랑의 빨강은 분홍과 배색되면 순수하게 보이고 보라와 배색되면 유혹적으로 느껴진다. 빨강이 검정과 배색되면 강하고 부정적인 느낌, 공격적인 느낌을 주게 된다.

노랑(Yellow)

노란색의 이미지는 밝은 느낌, 행복, 경쾌함 같은 것들이다. 노란색을 좋아하는 사람은 대체적으로 외향적이고 활기찬 성격이다. 유머 감각과 창의력이 뛰어난 경우도 많다. 이러한 분석은 빨간색, 주황색, 노란색 같은 따뜻한 색 계열이 사람의 감정을 흥분시키고 고양하는 힘을 가지고 있는 사실과 연관지어 생각할 수 있다.

노란색은 따뜻하고 풍부한 색이다. 태양을 상징하는 노란색은 햇빛 가한 날의 기쁨과 찬란함을 느끼게 해 준다. 햇빛, 황금, 해바라기, 레몬, 자몽 같은 감귤류를 연상케 하는 노랑색은 봄날의 햇살 같은 에너지를 넘치게 하는 색이다.

녹색(Green)

봄에 솟아나는 새로운 풀잎과 새싹의 연두색에서부터 늦여름 무성한 숲 속의 진초록에 이르기까지 녹색은 자연의 색이고, 조용하고 평온한 휴식을 주는 색이다. 반면에 이기심, 질투, 게으름을 대표하는 색이다. 무겁고 어두운 느낌의 초록은 사람을 우울하게 하고 허약하게도 할 수도 있다.

녹색이 상징하고 연상되는 이미지는 평화, 상쾌, 희망, 휴식, 안전, 안정, 안식, 평정, 지성, 소박, 건실, 엽록소, 비상구 등이다.

녹색은 파랑, 흰색과 함께 있으면 마음을 안정시켜준다. 파랑, 노랑과 함께 있으면 희망을 나타내고 빨강과 함께 있으면 건강함이 느껴지지만 보라와 함께 있으면 독을 연상시킨다.

파랑(Blue)

파란색은 물, 하늘의 색으로 맑고 순수하고 청량한 이미지를 가지고 있으며, 우울함, 신비로움 등의 이미지를 가지고 있다. 12세기 유럽에서는 성모마리아의 옷을 파란색으로 나타냄으로써 신성함을 상징하였다.

파란색은 화를 잘 내거나 신경질적인 사람들의 마음을 안정시켜주는 색이며, 또한 편한 분위기에 휩싸여 있는 애정적인 색으로서 황량하고 무정한 일상생활로부터 도피시켜 주기도 하고, 성인들에게 어린 시절의 추억을 되살려 주기도 한다. 파란색을 좋아하는 사람은 내향적이며 감수성이 예민하다.

파란색이 상징하고 연상되는 이미지는 젊음, 차가움, 명상, 성실, 영원, 추위, 바다, 호수 등 이다.

보라(Purple)

보라색은 내면의 신비함을 가진 색이다. 또한 보라색은 신의 색이라 하여 영적인 것을 나타내며 마음 깊은 곳의 억압된 감정과 연관성이 있다. 이에 반해 고귀하고 장중한 느낌을 주는 색이기도 하다. 보라색을 좋아하는 사람은 감수성이 풍부하고 섬세하며, 직관력이 뛰어나 예술가 기질을 가진 사람이다.

보라색을 연상하고 상징되는 이미지는 창조, 우아, 고독, 신비, 공포, 추함, 예술, 공허, 신앙, 위험 등이다.

보라색은 은색과 배색되면 자유분방하고 인위적이며 주황과 배색되면 독창적, 파격적이고, 검정과 배색되면 마술적인 느낌을 준다.

갈색(Brown)

갈색은 가을색이고 자연풍경의 아름다움이 나무의 줄기나 흙의 색으로 나타나 있으며, 특히 비가 내린 후의 나무나 흙이 물기에 차 있어 거무스름한 색을 나타내 보일 때 갈색은 수목의 노랑색, 초록색 등을 더욱 돋보이게 한다.

갈색을 좋아하는 사람은 솔직하고 보수적이고 이성적이며, 인내심이 강하고 차분한 성격의 소유자이다. 갈색의 이미지로는 안정, 클래식, 소박, 보수적, 침착함, 촌스러움, 수수함, 늙음 등이다.

갈색은 흰색, 빨강, 주황, 노랑과 같은 다른 색들과 함께 사용하는 것이 가장 좋다. 갈색은 밝고 빛나는 색과 배색될 때에만 아늑한 느낌을 준다. 탁한 색과 배색되면 구식으로 느껴진다. 녹색, 보라와 배색하면 떫은 맛이 나거나 먹을 수 없는 것으로 보인다.

흰색(White)

흰색은 빛의 상징이다. 낮과 밤을 구분하기 위해 처음으로 생긴 색이 흰색이다. 흰색은 순수, 신성, 청초, 청결, 결백을 상징하고 타협을 허락하지 않고, 침범할 수 없는 기품을 가진 색이다.

흰색은 한색계통과 배색하면 이지적이고 시원하고 상쾌한 느낌을 주고, 난색계통과 배색하면 활기차고 명랑한 느낌을 준다. 또한 금색과 파랑을 배색하면 이상적이고 고귀한 느낌을 주고 회색과 배색하면 객관적, 노랑과 배색하면 가장 가벼운 느낌을, 분홍과 배색되면 조용한 느낌을 준다. 패션에서 흰색은 엘리트와 웨딩드레스의 순결함을 상징한다.

검정(Black)

검정색은 물감이나 색으로서 빛이 없음을 나타내며, 최소한의 분광을 흡수한다. 색채 중에서 가장 명도가 낮아 무겁고 엄숙하며 심원한 깊이를 느끼게 한다. 반면에 부정, 죄, 압박감, 공포, 불길, 침묵, 죽움 등을 연상시킨다.

검정색 옷은 피부를 통해 빠져나가는 체내 독소의 정상적 방출을 방해해서 우울증을 불러일으킬 수 있다. 더운 검정색은 사람들의 범죄성향을 최대로 악화시킨다고 알려져 있다.

검정색이 회색과 파랑으로 배색하면 각지고 단단한 느낌을 주고, 은색과 흰색을 배색하면 우아한 느낌을, 금색이나 빨강과 함께 있으면 힘이 있어 보인다. 검정색은 보수를 뜻하는데, 기독교 성직자들의 옷이 검은 색인 이유도 여기에 있다. 패션에서는 검정색을 우아함을 상징하기도 한다.

3) 질감

(1) 질감의 개념

질감이란 거의 촉각적인 경험을 토대로 조형예술의 미학적 접근을 꾀하는 것으로서 여기에는 일부 시각적인 접근도 가능하다 할 수 있다. 질감이란 손으로 어떠한 물체를 만졌을 때 느껴지는 정서적인 느낌을 말하는 것인데, 질감은 우리가 어떤 물건을 손가락으로 만져 보고 매끄럽다, 울퉁불퉁하다, 거칠다, 솜털같이 부드럽다 등으로 느끼는 사물의 표면적인 특성을 가리킨다. 질감을 나타내는 단어인 texture라는 말의 어원은 textile, 즉 직물이라는 뜻인데 같은 재질의 실이라도 짜는 방법에 따라 직물의 표면이 각기 다른 시각적 효과를 가지는 것에서 유래된 용어이다.

(2) 질감의 종류

①촉각적인 질감

촉각적 질감이란 손을 비롯한 피부를 통해 감각되어지는 감촉을 말한다. 냄새에 의해 맛이 다소간 좌우되는 것과 마찬가지로, 촉각적인 질감에서는 시각과 촉각이 서로 밀접한 상호작용을 하고 있다. 수 공예품이 아주 귀중하게 여겨지는 근본적인 이유는 그것이 갖고 있는 질감의 따뜻함과 다양함 때문이다. 자연적인 것을 연상시키는 질감은 주변의 세계와 밀접한 관계를 맺게 해줌으로써 우리의 생활을 더욱 풍족하게 해준다. 20세기에 들어서면서 많은 화가들이 독특한 방법으로 질감을 표현하는 실험을 거듭하여 회화와 조각의 구별을 어렵게 하고 있다. 촉각적인 질감은 현대미술의 중요한 표현방법이다.

② 시각적인 질감

시각적 질감이란 눈으로 보여 지는 질감으로서 빛과 어둠의 대비, 밝고 어두운 변화, 바탕과 디자인된 부분의 분리현상 등을 우리의 머리가 시각적 지각을 질감으로 느끼게 해주는 것이다.

(3) 아트 메이크업의 질감표현

아트 메이크업의 질감표현은 수성제품과 유성제품, 광택의 유무, 펄의 종류, 컬러, 다양한 오브제와 재료 등에 따라 다양한 질감 표현을 할 수 있다. 아트 페인팅 제품은 크게 수성제품과 유성제품으로 나누는데, 수성은 물과 함께 사용해 마르고 나면 매트한 느낌을 주고, 유성 제품은 수성제품에 비해 농도가 짙고 유분이 함유되어 있다. 광택을 내는 성분을 함유한 제품은 광택의 소재, 입자의 크기, 컬러에 따라 다양한 이미지를 연출한다. 은색광택 제품은 기계적이고 미래적인 느낌을, 금색과 브론즈 광택 제품은 금속적인 느낌과 역동적인 이미지를 연출한다.

아트 메이크업의 자연소재를 이용한 질감 표현으로 머드, 석고, 달걀 등 다양한 재료들이 사용되고 있다. 머드를 두껍게 바르면 양감과 질감이 생기고, 얇게 바르면 피부가 들여다보이면서 진흙의 색감을 낼 수 있다. 머드가 마른 후에 채색이 가능하며, 머드를 사용해 다양한 헤어스타일도 디자인 할 수 있다. 처음부터 머드와 컬러를 믹스해 사용할 수도 있다.

석고도 머드와 같은 효과를 낼 수 있지만 재질이 조금 더 딱딱하므로 마른 후 균열의 효과를 살려 작업할 수 있다. 석고가 마른 후 균열이 심하므로 몸의 유연한 움직임에는 부적절하여 정적인 표현에 많이 쓰인다.

달걀은 원래 중세 템페라화(난황, 난백, 아교질, 벌꿀, 무화과나무의 수액 또는 양이나 염소, 기타의 수피(獸皮)로 만든 콜로이드 물질 등을 단독으로 또는 적당하게 안배한 것을 매개체로 써서 채색하는 불투명 물감 또는 이것으로 그린 그림이다.)의 주요한 재료였다. 바디아트 작업 시 달걀은 달걀 원래의 색과 부드럽고 균일한 질감을 갖고 있고 인체에 전혀 무리를 주지 않아서 많이 사용된다. 유분이 많으므로 밀가루를 섞어 쓰며 밀가루를 섞지 않을 경우에는 수성물감보다는 유성물감으로 작업하는 것이 용이하다.

아트 메이크업의 질감표현에 필요한 제품과 소재는 국한적이지 않고 무한하다.

4) 디테일(오브제)

디테일이란 옷을 만드는 봉제과정에서 장식을 할 목적으로 이용된 세부장식을 총칭하는 용어이나 아트 메이크업에 있어서 디테일은 피부 위에 프린트를 한다거나 이질적인 소재를 붙이거나 링을 피어싱하는 것을 디테일로 볼 수 있다. 이 표현기법은 아트 메이크업에서는 오브제의 개념에 해당하는 것이다. 일반적인 메이크업에서는 이러한 디테일의 요소가 드물지만 아트 메이크업에서는 이러한 조형적 요소가 두드러지게 나타난다. 과감하고 실험적인 요소를 강하게 띄기 때문에 아트 메이크업에서도 디테일의 요소는 다른 조형적 요소보다 강하게 나타나는 것이 특징이다. 다양하고 비일상적인 독특한 소재를 붙이거나 덧씌움으로써 부조화적이며, 희극적으로 표현하여 지나침과 과장성을 느낄 수 있다.

(1) 오브제(Object)

오브제란 초현실주의 미술에서 작품에 쓴 일상생활용품이나 자연물 또는 예술과 무관한 물건을 본래의 용도에서 분리하여 작품에 사용함으로써 새로운 느낌을 일으키는 상징적 기능의 물체를 이르는 말이다. 이러한 오브제는 현대의 메이크업에 영향을 미쳐 소재확장과 새로운 디자인에 대한 상상력과 아이디어를 제공한다.

아트 메이크업은 메이크업에 근본 목적인 아름다움을 추구하는 데만 치중을 두는 것이 아니라 이미지에 맞추어 기괴하거나 비정상적인, 과장성 등을 예술적으로 표현하는 것이다. 비일상적이고 특수한 재료를 사용하고 인체 전체를 표현대상으로 삼기도 한다. 이러한 표현을 위해 가장 실험적이고 예술성을 표현하기 좋은 것이 오브제의 표현이다. 이질적인 소재를 도입함으로써 표현의 다양성과 확대성을 표현할 수 있다. 이런 실험성과 전위성이 보여주는 충격효과는 창조전략으로써 모조품, 기성품 그리고 비예술적인 일상적인 소재인 오브제를 직접 사용하게 된다. 화려한 깃털 장식이나 모조 보석과 눈썹에 붙인 스팽글은 짙은 광채와 색채변화 때문에 화려함을 표현하는데 자주 사용되는 오브제이다.

(2) 오브제의 소재

① 자연물 – 꽃, 채소, 깃털, 나뭇가지, 잎, 머드 등
② 인공물 – 레이스, 반짝이, 비즈(인조 보석, 스팽글, 스톤), 패브릭, 비닐, 종이(신문지, 인쇄물), 금속 등

2. 재료와 도구

1) 재료

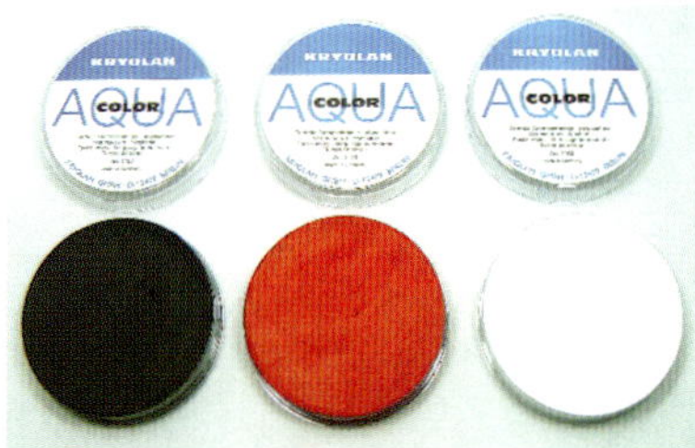

① 아쿠아 칼라(Aqua color)

① 아쿠아 칼라(Aqua color)

대표적인 수성 바디페인팅 제품으로 물과 함께 사용하여 얼굴이나 몸의 원하는 부위에 브러쉬를 이용하여 그라데이션하면서 바르고, 넓은 면적에는 스폰지를 이용하여 빠르게 바를 수 있다. 아쿠아 물감 위에 컬러파우더를 덧발라주면 선명한 색상과 질감이 유지된다.

② 슈프라 칼라(Supra color)

② 슈프라 칼라(Supra color)

슈프라 칼라는 유성제품으로 바디페인팅 및 분장 시 사용하는 제품이다. 슈프라 칼라는 사용 후 투명파우더를 바르면 색상 번짐없이 잘 밀착되고, 또한 고착스프레이를 사용하면 칼라가 선명하게 오래 지속된다. 유성제품으로 메이크업 리무버크림을 사용하여 지워준다.

③ 아쿠아 데이 글로우 uv (Aqua Day glow UV)

③ 아쿠아 데이 글로우 uv(Aqua Day glow UV)

수성제품으로 태양광선에서는 약하게 색상이 발하나, UV광선을 비추어 줌으로써 원래의 색상을 선명하게 발한다.

④ 아쿠아 헤어 마스카라 (Aqua Hair Mascara)

④ 아쿠아 헤어 마스카라(Aqua Hair Mascara)

아쿠아 헤어 마스카라는 누구나 쉽게 머리를 컬러링 할 수 있는 제품으로, 전체적인 컬러링보다는 부분적인 컬러가 메이크업과의 조화를 돋보여 줄 수 있다. 컬러로 구성되어 있어 개성과 장소에 맞춰 헤어 연출을 할 수 있다.

⑤ 에어 브러쉬 전용 ABS-F 칼라

유성제품으로 빨리 마르고, 물에 잘 지워지지 않는 제품이다. 제품이 유성이기 때문에 지울 때는 마일드 마스틱스 리무버를 사용한 다음 물에 비누를 사용하여 지운다.

⑥ 픽셔 스프레이(Fixier Spray)

페인팅 후 필요한 부위에 뿌리면, 얇은 막이 형성되어 페인팅이 손상되지 않도록 하는 제품이다. 페인팅 후 번짐을 막아주고 색상이 변하지 않도록 도와준다. 용기를 충분히 흔든 후 원하는 부위에서 30cm정도 떨어져 분사한다.

⑦ 리퀴드 바디 메이크업(Liquid Body Makeup)

액상타입의 수성제품으로 화학모 브러쉬나 스폰지를 사용하여 페인팅한다. 빠른 속도로 바디에 페인팅할 수 있는 장점이 있다.

⑧ 반짝이

다양한 컬러로 더욱 화려하게 표현할 수 있고 메이크업의 마무리 단계에서 포인트를 주기 위하여 사용하면 된다. 또는 얼굴에 붙이거나 옷 위에 장식하여 연출할 수 있다.

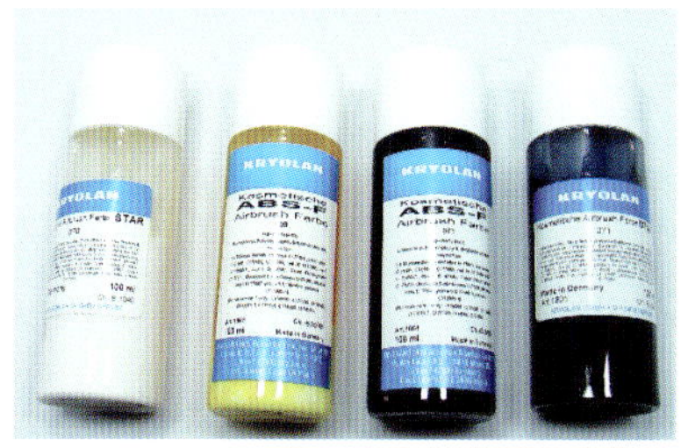

⑤ 에어 브러쉬 전용 ABS-F 칼라

⑥ 픽셔 스프레이(Fixier Spray)

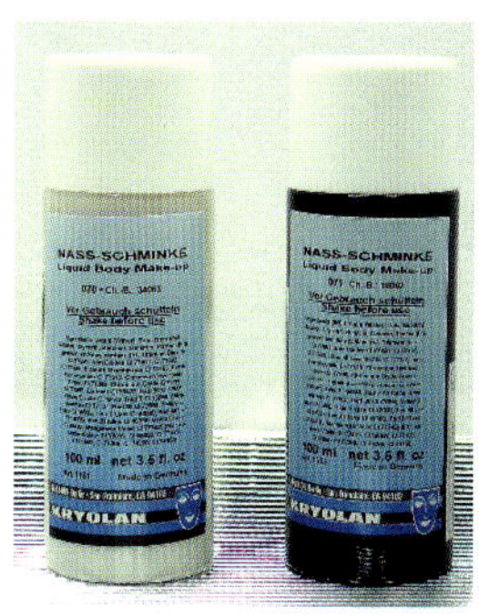

⑦ 리퀴드 바디 메이크업
(Liquid Body Makeup)

⑧ 반짝이

2) 도구

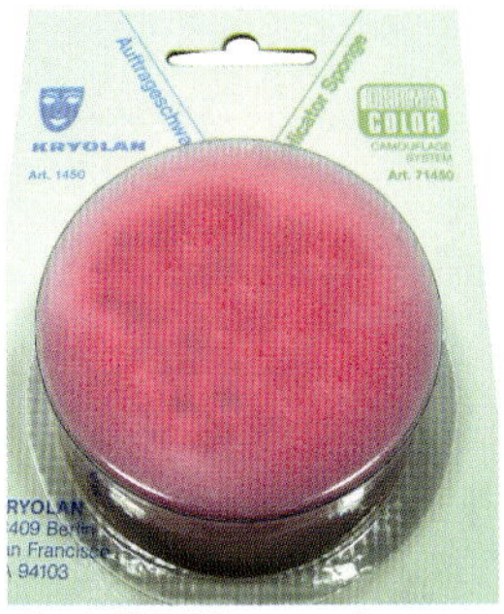

① 스폰지(Sponge)

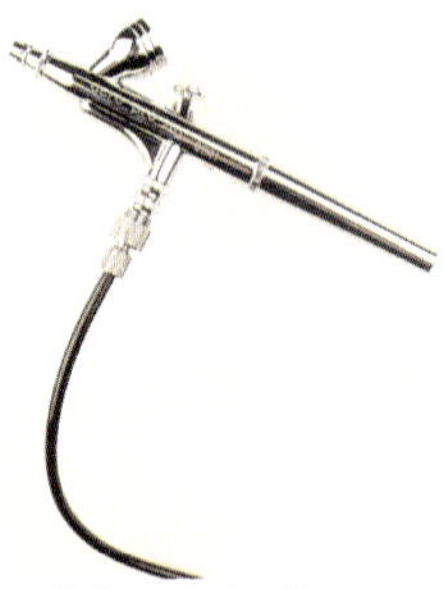
② 에어브러시 건(Airbrush Gun)

③ 컴프레셔(Compressor)

④ 브러시(Brush)

① 스폰지(Sponge)

스피드하게 페인팅할 수 있는 장점이 있다. 크기와 모양을 활용하여 사용하면 효과적이다.

② 에어브러시 건(Airbrush Gun)

공기를 분사하는 기계장치로 물감이나 안료등을 주입할 수 있는 용기를 부착하여 사용하며 압력조절을 통하여 원하는 량의 분사를 할 수 있다.

③ 컴프레셔(Compressor)

에어브러시 건을 사용하기 위하여 공기를 생성시키는 기계장치.

④ 브러시(Brush)

안료의 특성에 따라 유성과 수성으로 분류하여 사용하며, 신체의 부위와 사용 목적에 따라 붓의 크기와 모양을 구분하여 사용한다.

VISTIQUE
CREAM FOUNDATION
PROFESSIONAL
VISTIQUE PROFESSIONAL

KRYOLAN
COLOR
SUPRA
TEINTSCHMINKE
BRANDT

KRYOLAN
AQUA
COLOR
KRYOLAN GMBH 13409 BERLIN
aquacolor
NASS-SCHMINKE

KRYOLAN
AQUA
COLOR LIQUID

질감(Texture)

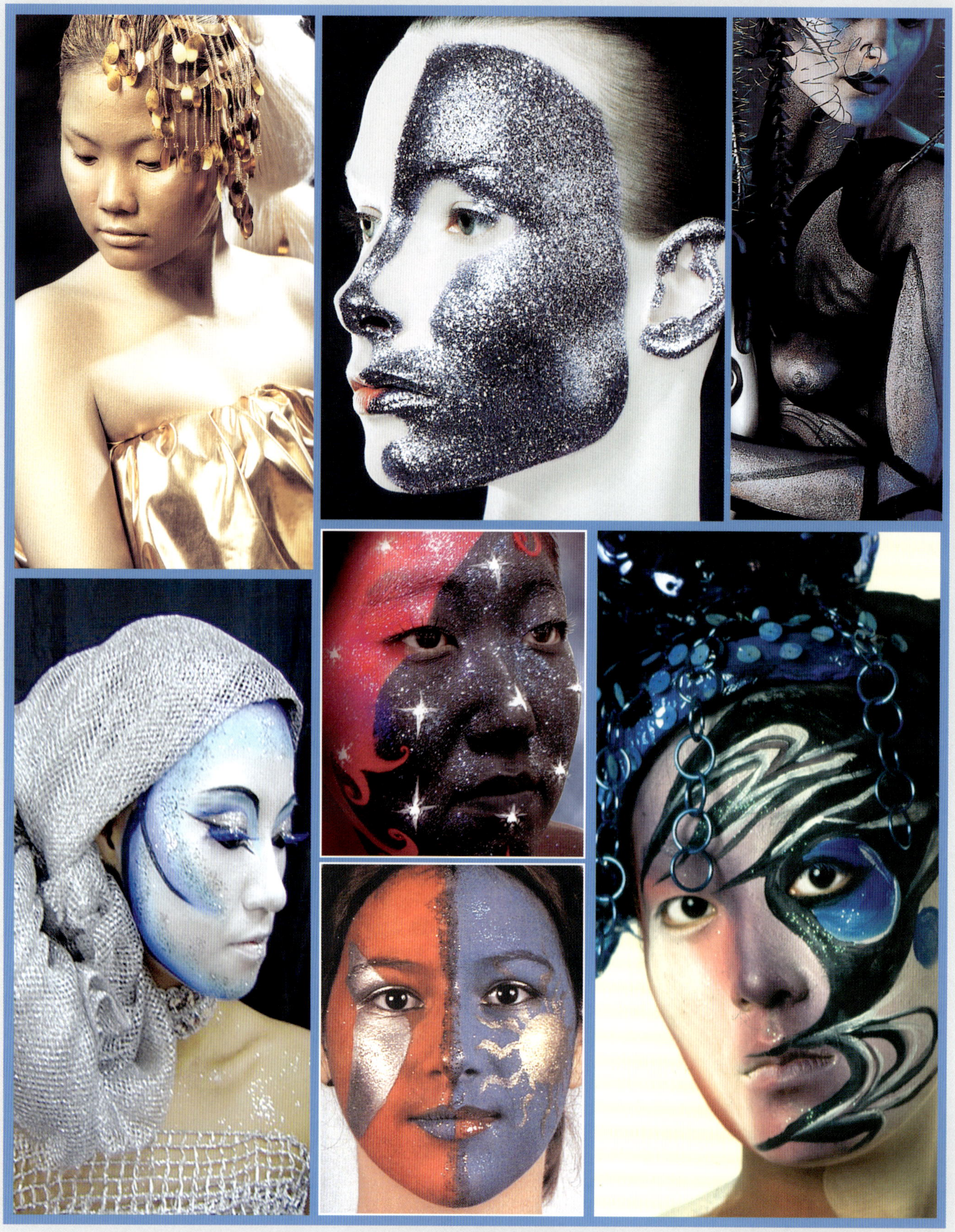

Golden Texture

질감응용 Map

질감응용 작품

Ⅲ. 바디아트의 표현방법

1. 문신(Tattoo)
2. 상흔(Scarification)
3. 채색(Painting)
4. 변형 및 제거(Transformation & Exclusion)

Ⅲ. 바디아트의 표현방법

1. 문신(Tattoo)

문신(tattoo)이란 살갗에 상처를 내고 물감이나 먹물을 사용하여 글씨나 그림 또는 무늬를 새겨 넣는 것을 말한다. 몸에 치장한다는 의미를 지니고 있는 문신은 먹을 사용한다고 해서 입묵이라 불렸고, 글자나 문양을 새겨 넣는다고 해서 자자(刺字) 혹은 자문(刺文)이라 했다.

문신하는 방법으로는 피부에 의도적으로 특정한 형태(그림, 글씨, 무늬)의 상처를 내고 그 안에 물감을 집어넣는 것이다. 즉, 동물의 뼈와 같은 뾰족한 도구에 염료를 찍어 피부를 콕콕 찌르는 것을 의미하는 말일 것이다. 입묵이나 타투는 모두 문신의 가장 일반적인 형식인 찌르기 문신과 관련된 말이다.

문신에 관한 획기적인 기록은 1996년 애틀란타 올림픽에서 기발한 무늬의 문신파들을 통해서 알 수 있는데, 미국의 경우 문신은 보다 다양한 층에서 향유된다. 일반인들은 주로 뺨 위에 나비를 그리거나, 복사뼈 부위에 장미꽃을 그려놓고, 손 등에는 아라베스크 무늬를 즐긴다. 대부분은 살을 쪼아 새기는 방식이 아닌 비누와 물로도 지울 수 있는 일회용 문신들이다. 미국 할리우드 배우들은 대중에게 강한 인상을 심기 위해 문신을 사용한다. <제리 맥과이어>에 출연한 아역 배우 조나단 리프니키는 오른 팔뚝에 용맹스런 독수리 문신을 지니고 있다. 특징 있는 배우로 대중에게 기억되어야 한다는 부담감을 가지고 있는 할리우드 스타들에게 문신은 효과적인 캐릭터 상품인 셈이다.

오늘날에는 패션의 개념이 문신에 도입되면서 문신의 영구성에 부담감을 느끼는 사람들을 위해 문신의 속성마저 바뀌게 되는데, 일시적인 문신법이 개발되어져 우리의 신체를 장식하는데 부담없는 수단으로 이용 되어진다. 문신은 과거의 영구적인 문신과 함께 일시적인 문신으로 타투 씰, 크리스탈 타투 등이 있으며, 이런 속성 변화로 인해 일반인의 접근이 보다 더 용이해졌다.

일시적인 문신법은 신체를 장식한 모습이 매우 아름답게 표현되어진다. 특히 크리스탈 타투는 원시 민족이 행하던 문신의 느낌과 매우 비슷하며 입체적인 표현이 가능하고, 화려한 느낌으로 인해 신세대 여성들에게 많은 인기를 누리고 있는데, 바디메이크업으로 시도되는 표현으로 여성의 관능적이며 아름다운 인체의 선을 따라 연결한다.

최근 우리나라에서 유행하고 있는 문신은 헤너 문신이다. 헤너(henna)란 식물의 잎을 건조한 후 그 가루로 손과 발 등에 장식을 하는 것으로서 염색의 일종이다. 헤너는 라소니아 이너미스(Lawsonia inermis)라는 식물학상의 이름을 가진 식물의 잎 속의 탄닌산이라는 자연 염색 속성을 지닌 헤너 가루를 이용하는 것으로, 아프리카의 대서양 연안에서부터 말레이시아까지의 많은 국가들이 헤너를 사용하면서 그것의 명칭 또한 다양한 것으로 전해지며 주로 아랍어로 '헤너', 인도어로 '맨디'라 불려진다. 헤너는 믿음에 관련되어 종교적인 행사에 사용된 곳도 있고, 결혼을 준비하는 신부의 장식으로도 사용되었다. 이러한 결혼풍습뿐만 아니라 다른 행사 때에도 여성의 화장품처럼 사용되었으며 북아프리카, 터키, 인도 등의 많은 나라에서 손과 발의 헤너 장식은 때로는 여성들이 남성의 시선을 끌기 위하여 몸을 꾸미거나 아름다움을 가꾸기 위하여 염색을 하고, 때로는 악마와 질병을 쫓아내는 신비스러운 것으로 사용되었다.

헤너의 무늬는 아주 다양하며 다양한 디자인은 건강한 육체, 풍요로움, 방어, 정신적 교화 등과 같이 각 문화의 구성원들에게 서로 다른 의미를 지닌다.

현재 헤너는 단순한 미적기능으로서 손, 팔, 다리, 발 등 신체 여러 곳에 장식되고 있는데 붉은 색에서 어두운 갈색까지 다양한 색으로 표현가능하며 주재료가 자연에서 얻어진 것이기 때문에 인체에 큰 해를 끼치지 않고 고통이 없다는 것이 특징이다. 또한 시간이 지나면서 자연스럽게 사라지기 때문에 영구적인 신체 장식에 거부감이 있는 이들에게도 각광받고 있다.

이상과 같이 문신은 자신을 표현하는 방법으로 활용되고 있으며, 현대사회에서의 문신은 자신의 개성을 표현하기 위한 수단이며, 일탈된 주변문화의 관점에서 예술의 한 형태로 자리 잡고 있다. 문신을 한 마디로 정의하기란 어려운 일이다. 오랜 세월 문신은 지구 곳곳에서 각기 다른 형태와 내용을 담고 생명력을 지녀 오고 있다.

헤너(henna)문신

2. 상흔(Scarification)

상흔은 살을 베어 흠집을 낸 다음 상처가 아물 때까지 그대로 두면 우묵한 흉터가 생기는 것을 말하는 것으로 아프리카에서는 수단인이나 호텐토트가 사용하며, 중부 아메리카에서는 콜럼버스 이전의 퀘바족 사이에 성행했으며 멜라네시아에서는 산타크루즈 섬에서만 행해졌다. 이 섬사람들은 얼굴과 가슴, 등에까지 상흔을 했다. 그리고 보다 널리 보급되어지는 상흔은 장식적 또는 켈로이드 증상의 상흔이다. 이는 부조(浮彫)가 된 큰 상흔으로, 서아프리카 지역의 반투족이나 나일강 유역의 주민들 사이에서 널리 퍼져 있으며, 여성들이 주로 이용한다. 아메리카에서는 고대 마야인에게서 볼 수 있고, 중미의 수모족이나 부리부리족은 지금도 행하고 있는데, 상처 구멍을 불에 태운 후 일종의 송진으로 덮어 바른다. 누바족 여성은 가슴, 등, 배에 좌우대칭의 기하학적 무늬로 피부를 손가락으로 잡고 벤 다음 숯, 재, 모래 등으로 문질러 흉터가 부풀어 오르게 하여 만들었다. 이러한 상흔은 여성의 성적인 매력을 높인다고 생각하였으며, 주로 사춘기 초기에 만들거나 아이의 검은 피부에 상흔을 덧붙여 만들었다. 누바족의 남성 역시 남성다움을 표현하기 위해 상흔을 하였다. 오스트레일리아에 사는 서부와 북부에 사는 토인들도 켈로이드증상의 상흔을 하고 있다. 남부 멜라네시아의 뉴헤브리디스 제도에서는 별모양의 장식적 상흔을 즐겨 만들었고, 폴리네시아에서는 오직 피지 제도의 여성들이 장식 상흔을 만든다. 동인도네시아에서는 바바르섬이나 티모르 라우트의 무나족이 불에 태워서 만드는 상흔의 풍습을 지니고 있다. 이처럼 피부색이 짙은 종족에게 주로 상흔 문신이 쓰이는 이유는 검은 피부에 색소를 사용하여 문신을 했을 때 눈에 잘 띄는 색깔이 없기 때문이다. 그래서 색을 써서 나타내기보다는 피부에 입체감을 형성시켜 눈에 잘 띄게 하고 그들 나름의 미를 표현했다. 이처럼 문신은 색소를 침착시키거나 상처가 부풀어 오르게 함으로써 입체적인 표현을 하게 되는데 이는 신체상에 큰 고통과 함께 긴 시간을 필요로 하는 작업이다.

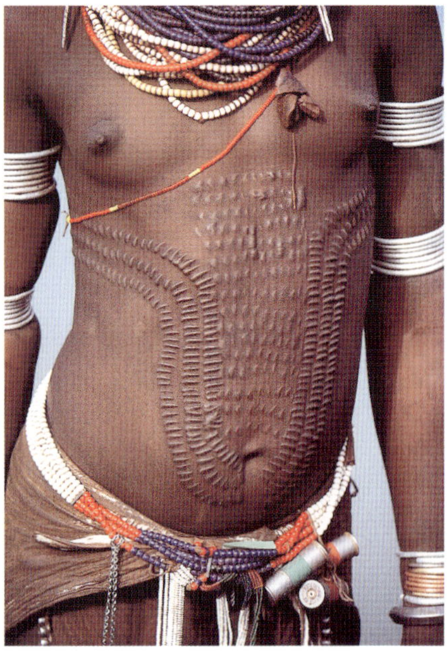

3. 채색(Painting)

우리는 동굴의 벽화 등을 통해 원시인들이 신체에 채색을 행하였다는 것을 확인할 수 있다. 오세아니아에서는 가까운 친척이 죽으면 애도의 표시로 얼굴, 머리, 심지어 몸 전체를 백토로 덮는 것이 흔한 풍습이다. 이는 죽은 이의 영혼이 자신을 알아보지 못하도록 하기 위하여 채색을 하는데 산자에 대한 망자의 위협을 방어하기 위한 것으로 널리 믿어지고 있다. 어떤 지역에서는 진흙이 상처를 치료하는데 빠른 효과가 있어 마술적인 힘이 있다고 믿기 때문에 진흙은 소년의 성년 의식에 중요한 역할을 한다. 진흙은 성인식 동안 소년은 죽고 성숙한 어른으로 다시 태어나는데 필요하다고 믿는다.

4. 변형 및 제거(Transformation & Exclusion)

문신, 상흔, 페인팅 등은 피부 상에 중점적으로 이루어졌던 표현방법인데 비하여 제거나 변형의 표현방법은 신체의 일부에 대한 구조적 변화를 일으키는 형태로 더 많은 인내와 고통을 감수해야 하는 영구적인 변형방법이다. 즉, 신체의 형태를 변형해서 하는 방법으로 입술이나 귀 등에 무거운 것을 달아서 변형한 것, 코를 뚫는 것, 전족, 코르셋 등이 여기에 속한다. 원시사회에서 흔히 볼 수 있었던 것, 그리고 여전히 아프리카 등지에 남아 있는 기이한 패션들, 즉 코를 꿰는 것, 귀를 쳐지게 늘이는 것, 아랫입술을 둥근 진흙원반을 넣어 기형적으로 늘이는 것 또는 고리를 끼워 목을 늘이는 것 등이 여기에 속한다.

제거란 입술, 볼, 코, 귀 등에 구멍을 뚫거나 또는 손마디, 치아 등 신체의 일부를 제거함으로써 장식하는 방법으로 대부분의 이러한 장식은 성년식과 관련을 가지고 표현의 수단으로 사용되었다. 변형은 신체의 형태를 변화시켜 장식한 것으로 일반적으로 변형을 통한 표현방법은 여성에게, 제거를 통한 표현방법은 남성에게 많이 이루어졌다.

변형과 제거의 기법에는 마스크나 특수 볼드캡을 활용해 인체를 과장하거나 왜곡시켜 표현하는 방법과 신체의 특정 부위를 뚫어 의료용 스테인리스나 플라스틱 장식을 밀어 넣는 피어싱도 있다.

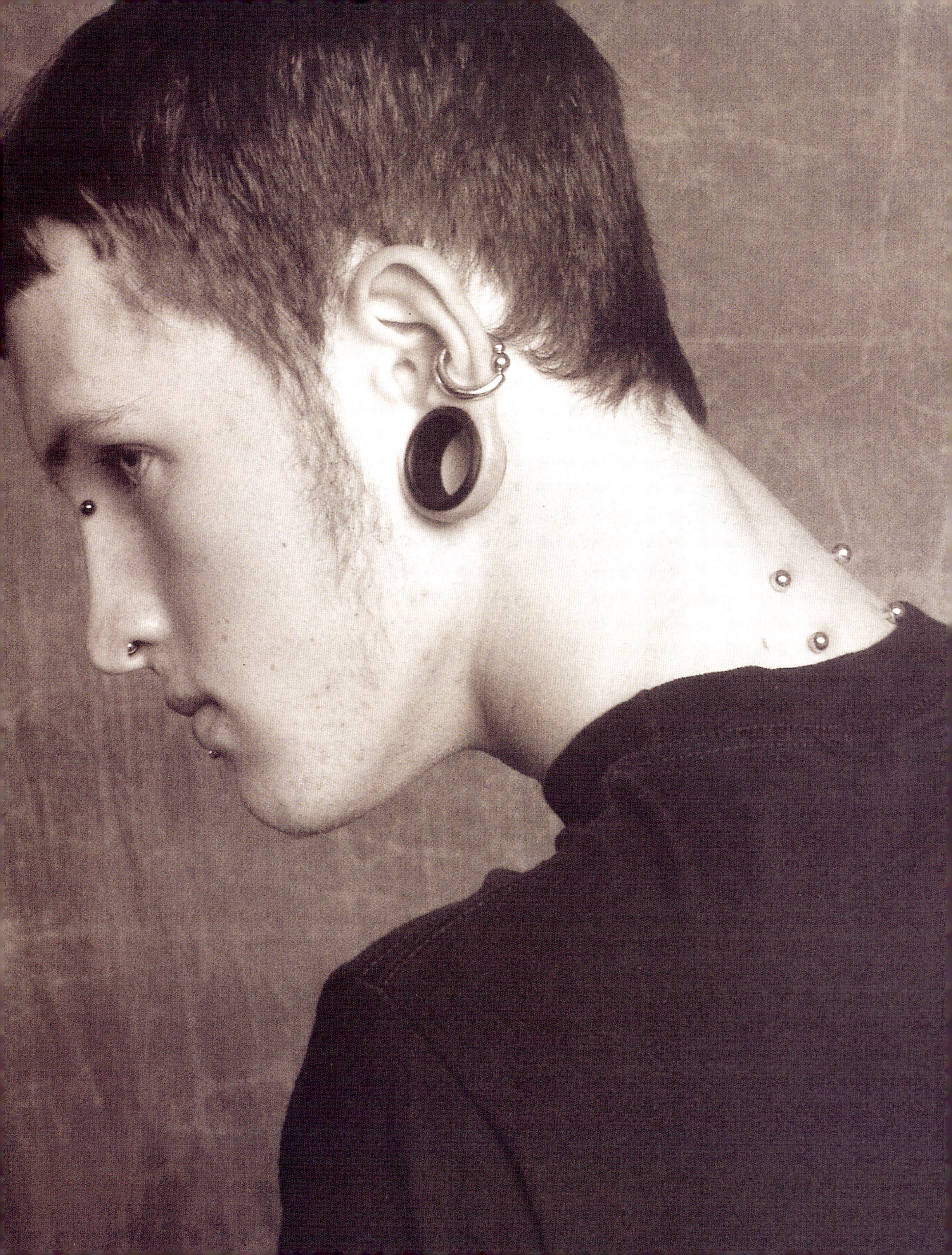

Tattoo 그리기 응용기법

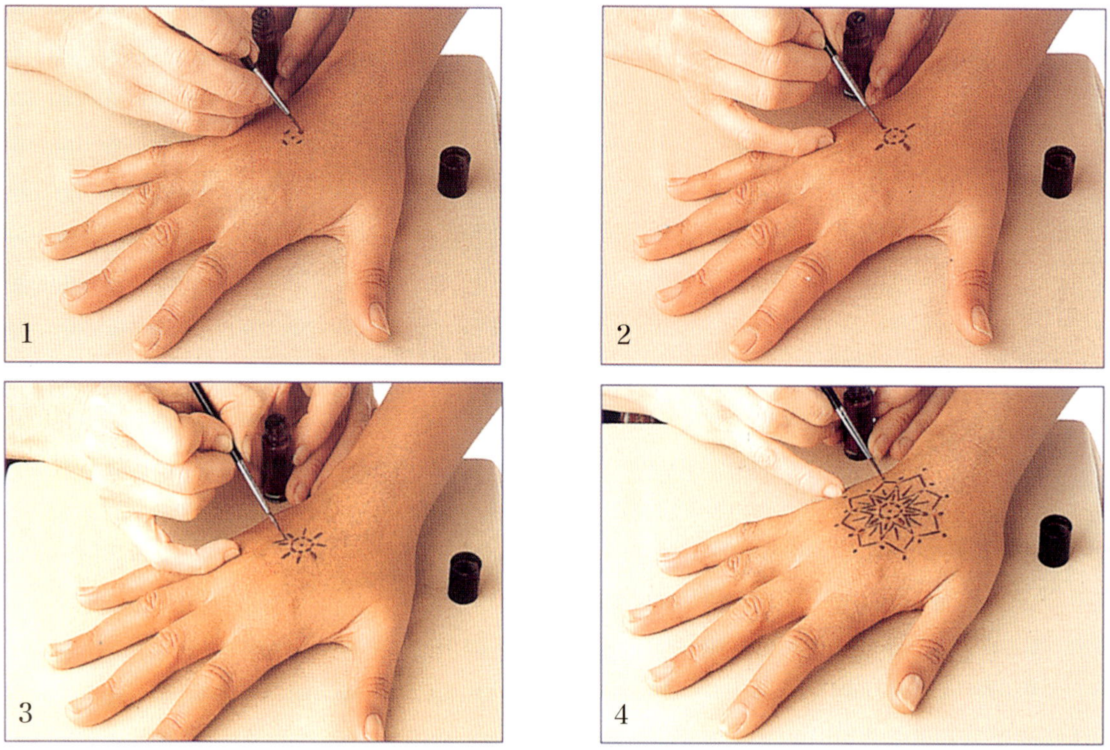

Tattoo 찍기 응용기법

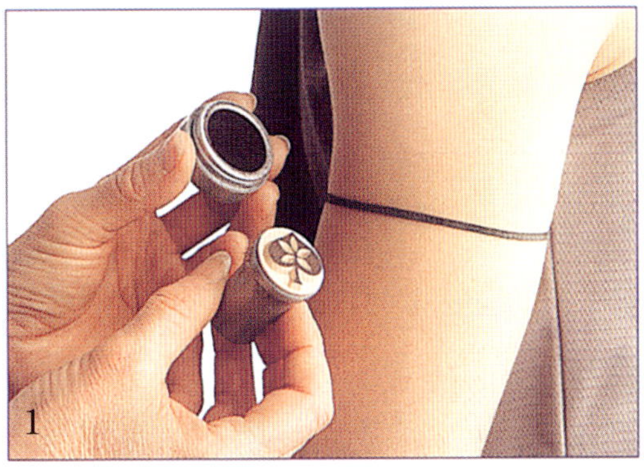
1

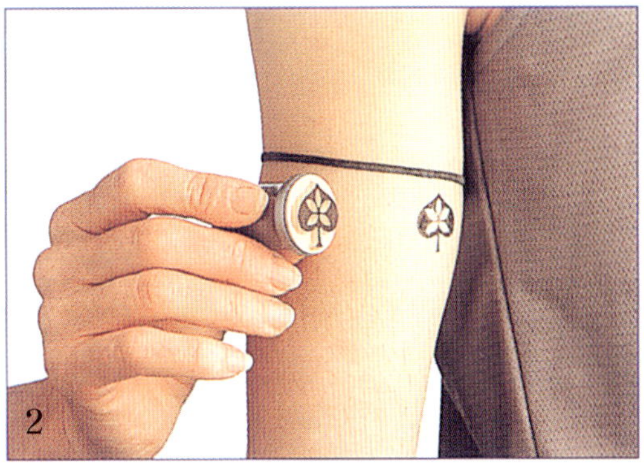
2

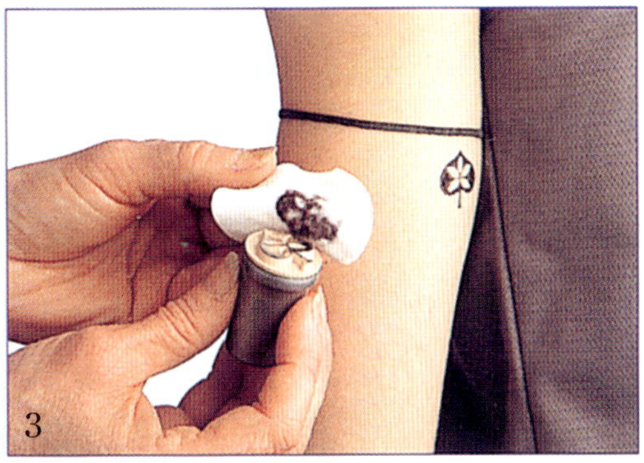
3

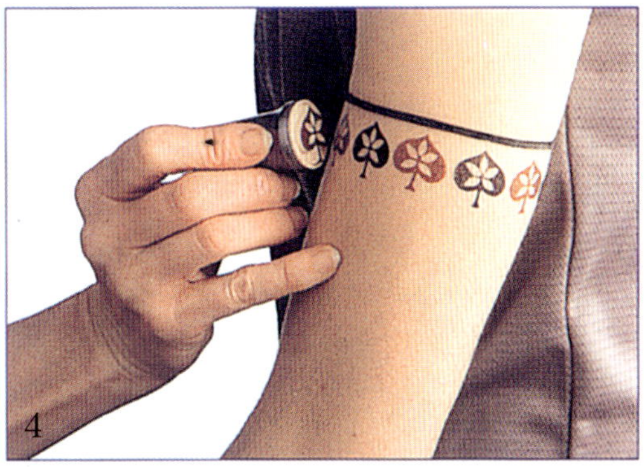
4

Tattoo 스텐실 응용기법

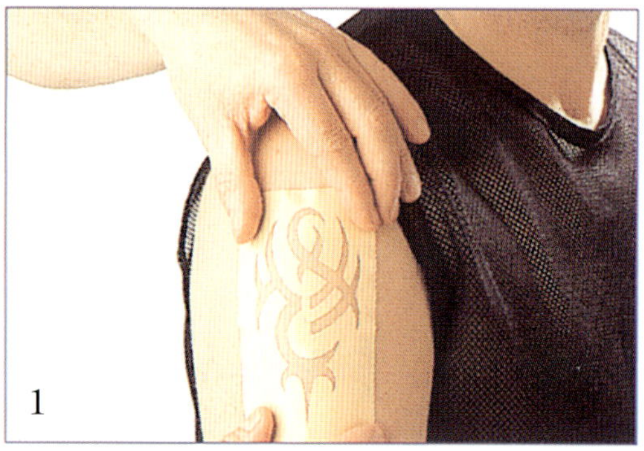

1

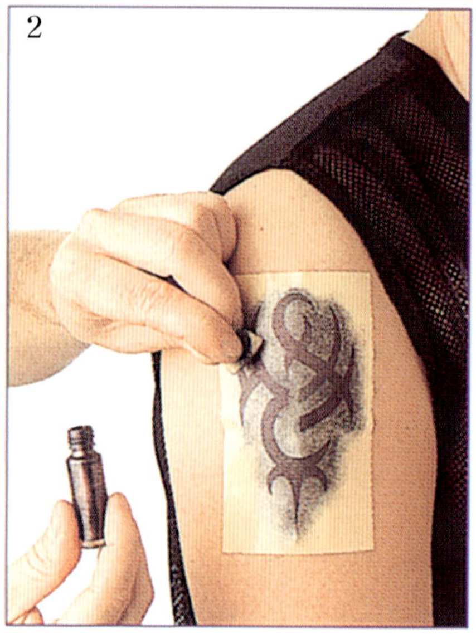

2

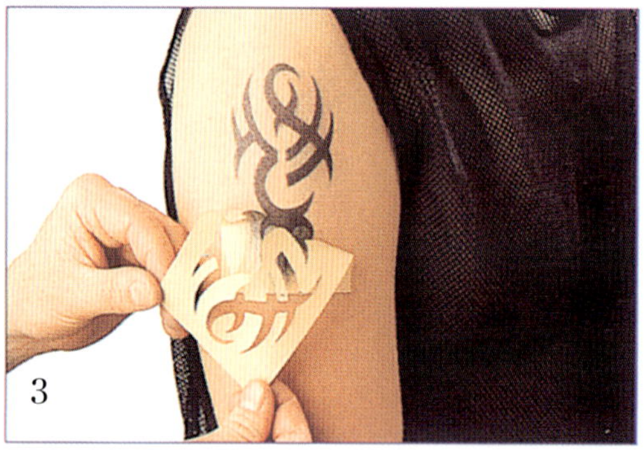

3

Tattoo 문양

Tattoo 문양

Tattoo

Tattoo Map

Tattoo 응용작품

Ⅳ. 바디아트의 상징적 특성

1. 주술적 상징성
2. 심미적 상징성
3. 사회적 상징성
4. 심리적 상징성

Ⅳ. 바디아트의 상징적 특성

1. 주술적 상징성

원시사회에서의 상징적 의미는 그들의 주술적 신앙이나 토템에 따라서 선택되었다. 원시인들은 그들 스스로가 자연물인 동시에 새로운 것을 만들어내는 창조물인 동시에 주술사로 여겼다. 그들의 주술은 강력한 신념과 욕구를 신체에 표현하면 상응하는 효과를 얻을 수 있다고 믿는다.

원시적인 형태의 주술적인 모습은 BC 7~8세기의 〈흰장식의 여인〉에서 춤추는 듯한 주술적 동작이 잘 표현되어 있다. 그리고 〈악기를 든 여인〉도 몸 전체가 붉은색으로 채색되어 있으며, 타투는 흰색으로 표현되어 주술적 모습이 잘 나타나고 있다.

그리고 문신에 의한 주술적 표현으로 1884년에 아이누족의 문신을 조사한 바 있는 바첼러의 보고에 따르면 전염병이 한 마을을 습격했을 때 마을의 모든 여성들이 악귀를 쫓기 위해 문신을 했다고 한다. 20세기에 들어와 아이누족을 조사했던 고다마 등 일군(一群)의 일본학자들은 눈병이 생겼을 때 문신을 하면 치료가 된다고 믿는다든지, 어깨의 통증을 치료하기 위해 오른쪽 어깨에 만(卍)자 문신을 한다든지 하는 아이누족의 주술적 상징성을 보고하고 있다.

북아메리카 오지브와 인디언들은 악령이 일으킨 것으로 믿는 두통이나 치통으로 고통을 당할 때 이마와 뺨에 신당의 형상을 새겨 치료한다는 것이다. 이때 이들은 악령을 쫓아낸다고 믿는 노래를 부르고 춤을 추며 집단적 문신 의례를 거행한다. 이러한 행위는 개인의 신체적 고통을 집단적 의식을 통해 치료하고 있는 것으로 볼 수 있다.

이상과 같이 메이크업의 주술적 특성은 원시시대부터 메이크업의 발생이 의례적이고 주술적, 종교적인 것과 연관성이 있으리라는 추정에 대해서는 대부분의 관련학자들이 동의하고 있다. 오지브와 인디언들의 문신 의례처럼 메이크업은 마술적 치료를 목적으로 시행되었을 것이고 그것은 개인에게나 집단에게나 주술적 상징성을 나타내는 것으로 해석되어진다.

악기를 든 여인

흰장식의 여인▶

2. 심미적 상징성

자신을 아름답게 치장하여 타인과의 사이에서 자신의 우월성을 나타내려는 것은 인간의 생태적 본능 중의 하나이다. 태고적부터 인간은 본능적으로 신체의 아름다운 부분에 상처를 만들어 상흔으로 수정하거나 혹은 body-painting 이나 장식으로 위장하여 타인에게 아름답게 보이기를 희망했다.

피부에 직접 회화, 조각, 문신 등을 새겨 자신의 미적 우월성을 표현하였는데 이러한 형태가 오늘날의 메이크업으로 향하는 첫걸음으로 되었다. 즉 생존 경쟁으로부터 승리한 원시시대의 투사가 그의 부족에게로 돌아갔을 때 자신의 신체에 남아 있는 승리의 상처와 얼룩진 피가 감탄과 존경의 대상이 되고 용맹의 상징이 되기도 했다. 그 이후 자연스럽게 표식이나 장식을 하려는 욕망이 원시의 지배자들로부터 시작하였으며 다채로운 색채의 진흙을 사용하여 얼굴, 머리 등 전신에 바르기 시작했다. 이러한 원시적 방법은 지금도 아메리카의 인디언이나 아프리카, 콩고의 마요고족들 사회에서는 성행하고 있다.

인도의 힌두인들은 어떤 분비물에도 더럽혀지지 않는 이마를 신체의 순수한 부분으로 여겨 붉은 점을 찍는다. 이는 축복과 장식을 겸한 표시로 시작되었으며 지금에 와서는 그런 의미는 많이 퇴색되고, 외출할 때면 하는 미를 위한 장식의 의미만이 남았다. 나이지리아의 Kaleri 여자들은 상당한 고통 즉, 산고를 경험해야 하는 중요한 시기에 흉터를 남기는데 자부심을 지닌다. 이런 표시들은 그들이 매력적이고 바람직한 여자로 보이게 한다고 믿었기 때문이다. 아프리카에 현존하는 조각품들에서 그 모습을 찾아 볼 수 있다.

고대부터 전 세계 사람들은 자신의 외형을 바꾸고 그들의 미적 감각을 표현하기 위한 수단으로 메이크업을 해왔다. 화장한 얼굴은 인간의 다양한 모방을 표현하는 방법일 뿐만 아니라 사람들로 하여금 '자신의 무엇인가를 만들어 내게 한다'는 점에서 자기표현의 매개체로써 놀라운 능력을 발휘한다.

현대인들은 자신들의 미를 위해서 특히 여성은 매일 마치 옷을 입듯이 일상의 일로 메이크업을 한다. 심지어 현대의 남성들은 TV에 출연할 준비를 해야할 때는 물론이고 결혼식을 하거나 신입사원 면접시에도 메이크업을 하는 남자들이 많이 늘어나고 있는 추세이다. 현대 여성들은 일상적인 화장이라든가 손톱이나 발톱에 색을 사용하여 화장을 하고 여름이면 팔에 일회용 문신을 하고, 신체의 여러 부위에 피어싱을 하기도 하는데 이러한 것이 그 시대와 사회를 반영하는 미적 표현 수단인 것이다.

아이누족의 문신을 조사한 일본학자들의 증언에 따르면 문신할 나이가 차서 문신을 하고 있는 아이누족 여인은 대단히 아름답게 보이기 때문에 아이누족 남성들에게 매력적 대상으로 여겨진다는 것이다. 아이누족 여성들의 두터운 입술 주위의 문신은 상당히 특이하다. 입술에 루즈를 바른 여성들만을 본 우리들에게 아이누족 여성의 입술 주위 문신은 추하게 보이지만 아이누족에게 그것은 아름다움의 상징이였다.

이상과 같이 원시사회 종족에게서 흔히 볼 수 있는 문신이나 페인팅 등 얼굴, 가슴 등에 행하는 신체표현은 행위자의 문화적 관습이라는 미적인 측면에서 심미적 상징성이 높은 가치를 인정받았다는 것을 알 수 있다.

마오리족 타래 와테네의 조상
남자들은 노예를 제외하고 모두 얼굴문신을 하였으며, 여성들에게는 매력적으로 보였기 때문에 문신은 자부심의 원천이 되었다.

3. 사회적 상징성

신분, 계급, 종족, 남녀, 성별 등 신분 표시를 하기 위한 목적으로 메이크업이나 문신을 했다.

「후한서」의 기록은 왜인들이 문신의 위치, 문신의 크기 등을 근거로 문신자의 사회적 신분을 표시했다는 것을 말하고 있다. 처음에 문신은 특정한 지위에 있는 사람의 전유물이었다가 문신이 모든 구성원들의 문화가 되자 문신의 위치나 형태 혹은 크기에 따라 개인의 사회적 위치를 표시할 필요성이 대두되었다. 계급이 발생하고 남성 중심의 사회가 구성되면서 문신은 더 다양하고 정교한 방식으로 문신자의 사회적 신분을 표시하는 기능을 수행했으리라 추측된다.

해남도 리족의 경우 문신은 신분을 표시하는 수단이어서 신분이 낮은 여자들은 문신을 할 수가 없었다. 이들의 경우 일반인은 등과 가슴만을 사용할 수 있으며, 턱과 얼굴을 장식하는 것은 추장만의 특권이고, 귀족은 팔에 문신을 할 수 있었다.

문신이나 상흔, 채색 등은 신분의 높낮이만이 아니라 신분의 또 다른 측면인 결혼의 유무 혹은 성인임을 표시하는 것이기도 했다. 리족의 경우 여성들의 얼굴만이 아니라 가슴에도 문신의 완성이 필수적이라고 한다. 그렇지 않으면 남성쪽에서 짝으로 맞이하지 않으려고 한다는 것이다. 타이완 고산족의 경우도 크게 다르지 않다. 남자들은 결혼 후에 반드시 어깨, 등, 가슴, 손과 팔, 겨드랑이 등에 문신을 한다. 여성들도 결혼을 할 때 두 빰에 망사형 무늬의 문신을 해야만 했다.

오세아니아 중 뉴기니아 섬의 동쪽 반을 차지하는 고지대 거주민들인 파푸아 뉴기니아(Papua New Guinea)인들은 신체장식과 페인팅을 세련된 예술로 바꾸었다. 장식은 그들의 사회적 기준을 반영하고 있으며 성과 나이, 계급에 의해 결정되며, 인도에서는 신분을 표시하는 목적으로 행해지는 페인팅 중에서 face painting을 매우 중요하게 여겼다. 페인팅색은 개인의 사회적 지위를 상징하고 눈 주위에는 유연안료(lamp black)를 발랐다. 여자들은 그들이 기혼임을 알리는 붉은 염료를 머리에 염색하였다.

히브리인들은 부족을 구별하기 위한 특징적인 표시를 하였는데, 신체적 장식은 소속집단을 나타내고 자연속에서 동물과 인간을 구분지어 준다. 예를 들어, 카메룬의 바파아인들은 만약 그들에게 상흔이 없었더라면 돼지나 원숭이 등의 짐승과 구별되지 않았을 것이라고 말한다.

이상에서 보면 메이크업이 종족이나 지역마다 신체에 표현하는 방식은 모두 다르나 신분표시기능을 수행하였으며, 신체표현의 위치나 형태, 크기 등은 집단마다 기준이 다르게 나타났다. 아름다운 장식으로 인정받다가도 어느 순간 사회적 금기가 되기도 하였는데, 그것은 육체가 인간의 본능 보다는 사회적 기준에 따라 치장되어왔기 때문이다. 다시 말해 메이크업은 개인의 사회적 신분을 나타내거나 사회를 반영하는 상징으로 해석되어진다.

켈리포니아 타이티족 댄스
가슴에 새겨진 문신은 자신과 부모 그리고 아들을 상징하고 있다.

4. 심리적 상징성

원시 인류가 몸에 상흔과 문신, 채색을 한 것은 적을 공포감에 몰아 넣기 위해 또는 악마로부터 자신을 보호하기 위한 수단이였다. 그것은 인간이 어떤 종류의 인간이나 환경으로부터 심리적으로 자신을 보호하기 위한 수단이었다는 견해를 뒷받침 해준다. 1800년대의 여인들이 백납 분을 사용한 이유가 가스등이나 촛불의 그을음으로부터 피부의 산화를 방지하기 위한 것임과 아울러 한낮의 태양으로부터 흰 피부를 보호하는 물리적 보호수단이었다. 동굴의 벽화 등을 통해 나타나는 원시인들의 채색이나 문신은 새의 깃털이나 부리, 짐승의 뿔 또는 식물성 색소 등을 이용하여 얼굴이나 신체를 치장함으로써 전쟁과 사냥 등에서 위안을 얻는 심리적 보호수단이였다고 보는 견해가 지배적이다.

그리고 우리나라에서도 이러한 사례가 발견되고 있는데 삼한시대의 바닷가 사람들이 바다나 강에 들어가기 전에 쪽(藍)으로 손과 발에 물을 들였고, 산촌 사람들이 산에 들어가기 전에 손톱과 발톱에 붉은 칠을 했다. 이상과 같은 행위들은 모두 정신적 • 심리적 상징성으로 볼 수 있다.

그외에도 1960년대 말 전 세계는 현대문명의 이기와 물질만능에 대한 저항, 반전운동의 영향으로 히피(Hippies)문화가 확산되었고, 히피는 청바지, 긴 머리에 머리띠, 맨발로 자연회귀를 보여주었다. 우리나라에서도 장발, 미니스커트, 진(Jean), 통기타, 생맥주 등으로 표현되었는데 이런 유행을 유신정부가 군부정치에 대한 반항의 표출로 인식하면서 급기야 '장발단속'을 하게 된다. 1980년대 초까지 이어온 중 · 고등학생의 획일적인 까까머리 역시 두발을 통해 정신을 규제하는 상징성이다.

한편, 정신분석학의 창시자인 S. Freud는 머리를 자르는 행위를 거세(去勢)의 상징으로 보았다. 다른 정신분석학자들도 머리카락을 성(性)적 욕구의 표현을 상징하는 것으로 설명하고 있다. 예를 들어 긴머리는 방종한 성에 대한 욕구를 표현하며 짧은 머리는 절제된 성에 대한 표현으로 보았다.

이상과 같이 인류가 몸에 문신이나 상흔, 채색 등의 메이크업을 한 것은 심리적 상징으로 볼 때 자신을 보호하기 위한 수단, 미적인 표출, 의지의 표현 등으로 해석되어진다.

펑크족

Symbol Painting

Symbol

Symbol Painting Map

Symbol 응용작품

F. CHAMPENOIS
IMPRIMEUR-ÉDITEUR
66, Boul.d St. Michel.
PARIS

V. 바디아트와 예술사조

1. 아르누보(Art Nouveau)
2. 아르데코(Art Deco)
3. 팝아트(Pop Art)
4. 포비즘(Fauvisme)
5. 키치(Kitsch)
6. 그로테스크(Grotesque)

Ⅴ. 바디아트와 예술사조

1. 아르누보(Art Nouveau)

아르누보는 프랑스어로 '새로운 미술'이라는 뜻으로 과거의 양식에서 벗어나 새로운 양식을 탐색했던 장식미술운동이었다. 이 운동은 단순히 단조로운 현실주의에 대한 반발만이 아니었고 산업화와 기계화 등이 만들어낸 비자연적인 생산품으로 흐르는 전체적 경향에 대한 반발이었다. 물결치는 듯한 우아한 자연형태(아르누보의 꽃잎 양식으로도 알려져 있다)가 침략적인 기계의 무디고 보기 흉한 덩어리들에 대항해서 만들어졌다. 곡선의 장식적 가치를 강조하는 경향을 나타내고 19세기 말과 20세기 초의 중간적 영역을 장식했다. 장식의 역할은 흔히 우리가 생각하는 부수적인 요소가 아닌 장식 그 자체가 건물을 특징하는 가치의 역할을 수행한다.

장식의 사용을 강조한 점은 기능주의의 합리주의적 접근방법과는 대조를 이루는 것이다. 아르누보에 대한 서유럽적인 개념은 모든 역사적 양식으로부터 탈피한 예술을 추구하는 것이었다.

아르누보는 인간의 환경에 대한 책임을 강조하였다. 주택뿐만 아니라 가구와 가정용품들을 디자인해야 된다고 생각하였다. 동시에 아르누보는 공연예술을 포함해서 도시 디자인, 광고 및 연극과 더불어 건축, 조각, 회화 등을 하나로 통일시키려고 하였다.

아르누보적 특징은 아름다운 아트 메이크업 디자인에 다양하게 응용되어지고 있다. 사치스러운 장식적 이미지로서 재료의 사용과 섬세한 디테일, 그리고 아름다운 물결 모양의 곡선무늬가 특징이다.

2. 아르데코(Art Deco)

20세기 초 까지는 아르누보가 국제적인 예술 양식으로 예술 전반에 영향력을 행사하고 있었는데 예술사조가 합리성과 단순성, 그리고 구조적 기능성을 요구하게 되면서 아르데코가 태동하게 되었다.

아르데코는 공업적 생산 방식을 미술과 결합시킨 기능적이고 고전적인 직선미를 추구했다. 아르데코 양식은 큐비즘에서 이끌어낸 기하하적 형태가 두드러진 특징으로 꽃이나 동물 및 인간의 형체를 모티브로 한 기하학적 형태를 갖는다.

형태는 더욱 뚜렷해지고 단순해져서 주제들도 이러한 경향에 잘 어울리는 것들이 부각되고 추상적 경향을 띤다. 또한 미래파와 같이 기계의 완벽성을 인정하여 미술에 받아 들였으며 현대를 특징짓는 속도감을 표현하기 위하여 유선의 법칙에 따라 공기의 저항을 덜 받아 속도를 더 많이 낼 수 있는 유선형의 매끄러운 선을 특성으로 갖는다.

아르데코의 색채는 강렬하고 밝은 색조로 포비즘(야수파)과 러시아 발레로 더욱 확산된 오리엔탈리즘(orientalism)에 기인한다. 강하고 단순한 현상을 적절히 표출하기 위해서 밝은 색상과 강렬하고 뚜렷한 색채 대비를 구사한다.

아르데코 예술가들은 주로 크롬(Chrom)을 사용하여 은색의 효과를 냈으며 유리 또한 반짝거림에 적합하여 많이 사용하였고 단단하게 날이 세워진 모습을 연출했다. 이러한 색들을 보다 더 두드러지도록 하기 위해 강한 녹색이나 오렌지색 같은 예리한 색상과 검정색 테두리색으로 사용하기도 했다. 그리고 오리엔탈리즘이나 포비즘의 영향으로 어두운 것 대신 담홍색, 청회색, 노란색, 짙은 군청색 등을 사용하였다.

아트 메이크업의 아르데코적 특성은 흐르는 듯한 곡선을 좋아한 아르누보와 대조적으로 기본형태의 반복, 동심원, 지그재그 등 기하학에 대한 선호를 뚜렷하게 볼 수 있다. 기하학적 형태는 기계문명시대의 새로운 생활양식과의 관련성이 당연히 지적되지만 반드시 합리적이고 기능적인 해결에 따라 처리되는 것이 아니라 오히려 우아한 정취로 뒷받침되어 있다.

3. 팝아트(Pop Art)

1960년대 초기에 미국에서 발달하여 미국화단을 지배했던 구상회화의 한 경향이다. 'pop'이라는 명칭에 대해서는 여러 가지 견해가 있지만 'Popular(포플러)'의 약자로 보는 것이 유력하다. 즉 통속적인 이미지, 다시 말해서 일상생활에 범람하는 기성의 이미지에서 제재를 취했던 이 경향의 특징을 압축적으로 표현하고 있다.

'팝'이라는 용어는 1945년 영국의 미술 평론가인 로렌스 알로웨이가 처음으로 사용한 것이다. 원래는 매스컴이 지배하는 대중문화가 만들어내는 '대중예술'을 가리키기 위한 편리한 명칭에 지나지 않았지만 그 후 1962년 알로웨이가 그 의미를 확대시킴으로써 팝아트는 대중적인 이미지를 '순수미술'의 문맥 안에서 사용하고자 하는 미술가들의 활동을 가리키는 명칭이 되었다. 그 외에도 여러 가지 다른 이름들이 있었지만 미술가들 자신의 항의에도 불구하고 결국 팝아트란 말이 정착하게 되었다.

팝아트의 특징은 '개방'과 '비개성'으로 집약된다. 이미지의 대중화, 형상의 복제, 표현 기법의 보편화에 의해 예술을 개인적인 것에서 대중적인 것으로 개방시켰다.

팝의 이미지는 광고, 상표, 만화, 영화 등의 대중적 이미지를 시각적인 재현으로 대중의 이미지를 받아들이는 현대 인간의 감수성을 의식화한 것이다.

팝 작가인 앤디워홀(Andy Warhol)은 기성 상품이나 특정 스타의 얼굴 등을 똑같은 이미지로 기계의 힘을 이용해 자주 반복하여 배열하는 작업을 했다. 특정한 상품이나 이미지는 어떤 개인의 독자적 절대적인 영역이 아닌 복제 가능한 비사유성을 드러내는 것으로 이 모든 작업은 주로 실크스크린 판화기법에 의해 이루어졌다.

팝아트 작가들은 손으로 하는 작업을 기피하여 소재를 선택하고 실크스크린 판을 만든 뒤 적당한 색깔로 찍어 내는 작업을 반복한다. 이러한 제작 과정을 통한 작품은 누구의 작품인지 분간할 수 없을 정도로 비개성적이다.

아트 메이크업에서 팝아트적 특성은 마음에 부담을 주지 않는 디자인, 그러면서도 유머러스한 구성이 있는 디자인으로 팝을 테마로 한 가벼운 디자인이다. 가볍게 보고 웃어넘길 수 있는 디자인으로 익살과 장난끼가 있는 표현이 주류를 이룬다. 가볍다는 인상의 가장 중요한 것은 색이다. 여기서 가볍다는 뜻은 단순히 무게를 말하는 것이 아니라 이미지의 무게를 뜻한다. 적당할 정도의 저속과 지나치지 않을 정도의 천박함은 있을수록 자연스럽다. 그런 무드에 어울리는 색은 밝고 선명한 색이며 이것이 바로 팝 이미지의 배색이라고 할 수 있다.

4. 포비즘(Fauvisme)

20세기 초 프랑스에서 일어난 혁신적인 회화운동으로 순수 색채의 고양에 주력했으며, 이 새로운 화법은 1899년 마티스에 의해 시작되었다.

야수파(포비즘)이라는 명칭은 비평가 루이복셀이 1905년 가을 살로 도톤느에 출품되었던 마르케의 15세기풍 청동 조각을 가리켜, 마치 '야수의 우리 속에 갇혀있는 도나텔로 같다'고 평 한데서 유래되었다고 한다.

그 작품들의 특징은 강렬한 순수 색채에 있었으며, 그 색채는 때로 세잔느처럼 공간 구성에도 사용했지만 대부분 감정 및 장식적 효과를 위해 임의적으로 사용했다.

색채 자체가 회화의 목적이 된다는 것은 이미 회화가 단순한 외계표현이라는 사실 자체를 부정하는 근거를 내포하고 있다. 그들의 목적은 화면이 이루어내고 있는 그 자체와 색채였으며, 굵은 붓터치의 독립성과 단순함, 생명력 있는 원색의 가치를 추구하는 것에 있었다. 그래서 야수주의가 사용하는 화면의 물감은 인상주의의 시각적 혼합 효과의 매개체라기보다는 물감이라는 물리적 존재를 더욱 강조하고 있다. 즉 이들의 기법은 후기인상주의의 반 고흐에 더욱 가깝다고 할 수 있다.

이전까지의 전통적인 회화개념을 부정하고 자연주의적인 묘사에서 벗어나, 색채 그 자체의 표현을 강조하는 근대미술의 일대 전환점을 마련하게 된 것이다. 그들은 전통적인 아카데미즘에 대한 반대 뿐 아니라 인상파의 감동이 적음에도 반발하여, 원색의 병렬을 의식적으로 강조하고, 새로운 개성을 추구하였다. 작품은 원색에 가까운 순색을 사용하여 색채가 눈부시게 표현되고 각 색조간의 직접적인 대비로 화려함을 보여준다.

5. 키치(Kitsch)

키치란 말의 어원은 '쓰레기를 수집하다'는 뜻의 독일어 키쉔(Kitschen)으로부터 유래했다. 그 어원적 의미는 정크아트(쓰레기 미술)를 직접적으로 지시하며, 적어도 아상블라주(집적. 集積미술)와 컴바인아트(개별적인 요소를 무차별적으로 뒤섞는 미술형식)와의 관련성을 강하게 암시한다.

사실상 키치는 팝아트의 일상적인 가벼움의 미학과 한층 내밀한 관련성을 갖는 현상이기도 하다. 19세기 중엽, 화가와 화상들을 중심으로 널리 통용된 이 속어는 골동품과 골동품 수집 및 애호 등 한마디로 벼룩시장류와 관련되는 일체의 골동취미를 지시하는 말이었다.

이러한 키치의 어원과 유래가 갖는 의미는 신세대 미술이 대중문화와 갖는 친근성과 관련해 여러모로 시사하는 바가 많다.

키치는 다름 아닌 자본주의의 적자(嫡子)라 할 수 있다. 즉 인간의 감성과 정신을 포함한 일체의 존재를 물화(物化)하려는, 상품화하려는 자본주의의 왜곡된 욕구가 낳은 산물이 키치이다.

키치적 산물이 갖는 의미의 지속성은 자본주의가 생산한 상품의 소비가 갖는 유행주기와 일치한다. 동시에 즉각적인 소비와 재빠른 노화(老化)라는 키치의 속성을 말해준다. 이러한 키치의 속성 역시 유행과 동일시된다. 한편 유행이 일관되지 않듯이(물론 주기라는 말로 대략적인 흐름을 지시하긴 하지만) 키치적 감성 역시 일체의 틀화된 정의를 거부한다. 키치적 메이크업은 유행과 마찬가지로 머물지 않는다. 키치의 현란하고 화려한 색채와 외양은 소비성향과 소유욕구에 즉각적으로 어필될 수 있는 감각적 메커니즘에 의존하고 있음을 말해준다.

6. 그로테스크(Grotesque)

'괴기한 것, 극도로 부자연한 것, 흉측하고 우스꽝스러운 것' 등을 형용하는 말이다.

사람, 꽃, 과일 등을 포함하는 아라베스크 무늬를 말하며, 원래 그로테스코(grotesco)란 이탈리아어로 보통의 그림에는 어울리지 않는 장소를 장식하기 위한 색다른 의장(意匠)을 가리키는 것이었으나, 오늘날에는 일반적으로 '괴기한 것, 극도로 부자연스러운 것, 흉측하고 우스꽝스러운 것' 등을 형용하는 말로 사용된다.

15세기 말 고대 로마의 폐허가 발굴되었을 때, 지하에 파묻혔던 건축물 볼트가 동굴(grotta)과 흡사하였는데, 그 벽 모양은 덩굴식물인 아라베스크에 공상의 생물, 괴상한 인간의 상, 꽃, 과일, 촛대 등을 복잡하게 결합시킨 것으로, 그 괴이함이 사람들의 흥미를 끌어 그로테스키(grotteschi)라는 일종의 괴기취미의 유행을 낳았다.

그로테스크란 나중에는 예술 일반에 있어서의 환상적인 괴기성을 가리키는 것이 되었다. 물론 이러한 괴기한 형상 그 자체는 예술사와 더불어 오래된 것이다.

20세기의 그로테스크는 제1차 세계대전 후의 사회불안, 계급대립, 기계문명의 압력, 경제적 궁핍 등의 상황 속에서 폭발하여, 전통적 미학과 도덕을 파괴하고 새로운 인간주체를 회복하려고 한다.

오늘에 이르기까지 그로테스크는 소외된 불가해(不可解)한 세계를 영상화하는 것으로서 문학 · 예술의 중요한 일면이 되고 있다.

현대 예술은 다른 어떤 시대보다도 그로테스크와 더 많은 근접성을 보여주고 있다. 우리는 애매모호한 기이하고, 들어보지도 믿을 수도 없는 현상을 지칭할 때 그로테스크라는 개념을 사용한다. 이와 같은 특성을 가진 그로테스크는 문학뿐만 아니라 그림, 음악, 춤의 한 종류에서 그리고 미학 등에서도 사용되고 있다.

그로테스크에 변함없이 일정한 의미가 있는 것은 아니지만 많이 언급되는 몇 가지 개념들은 다음과 같다.

1) 이질화

그로테스크의 가장 유별난 특징으로서 갈등, 충돌, 이질적인 것의 혼합, 혹은 본질적으로 다른 것들의 융합 등으로 정의 내릴 수 있다. 이러한 부조화가 예술작품 자체에서만이 아니라 작품이 유발하는 반응 속에서, 그리고 예술가의 창조적 기질과 심리적 구조 속에서도 발견되고 있다.

그로테스크는 정상상태를 벗어난 것이고, 환상적인 것과 공상적인 것, 현실과 비현실의 의식적인 뒤얽힘이라고 할 수 있다.

2) 유쾌와 불쾌

익살맞은 풍자나 천박스러운 우스개와 같은 것과 끔찍스러운 면을 강조하거나 괴기, 신비, 심지어 초자연적인 것의 영역으로 아트 메이크업에서 자주 등장하는 주제이다.

이 두 견해 사이에 놓이는 상당히 많은 입장들이 있겠지만, 그로테스크를 본질적으로 희극적인 것과 끔찍스러운 것(혹은 혐오스럽거나 불쾌한 것), 골치 아픈(즉, 쉽사리 풀 수 없는)일종의 혼합형식으로 보려는 것이 비교적 최근의 경향이다.

그로테스크에 대한 고전적인 반응(재미와 혐오, 웃음과 공포, 유쾌함과 불쾌함을 동시에 체험하는 것)은 부분적으로 또는 대단히 비정상적인 것에 대한 반응이다. 비정상적인 것은 웃을 수도 있으며, 또 한편으로는 무섭다거나 역겨울 수도 있다.

그로테스크 일러스트레이션

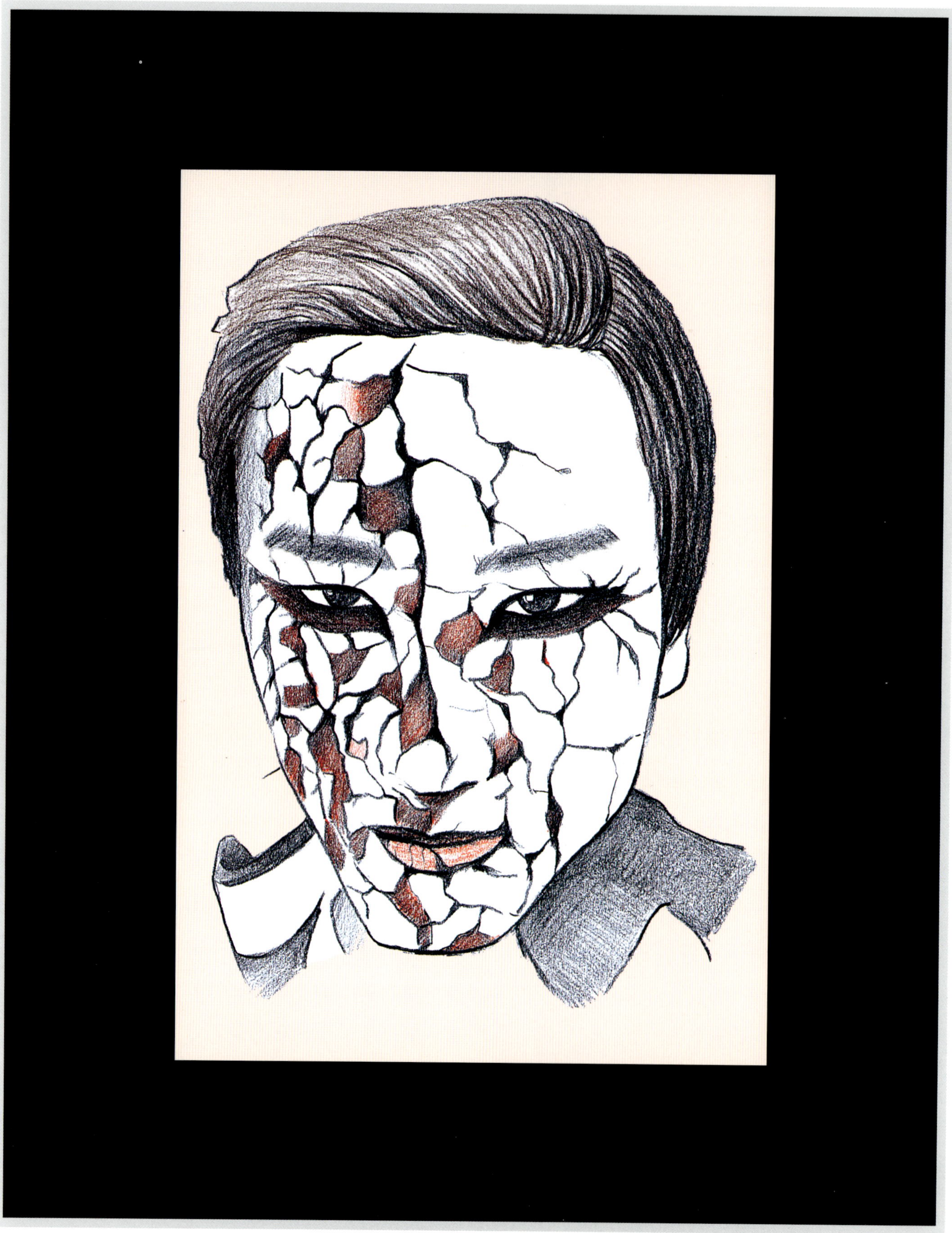

그로테스크 응용작품

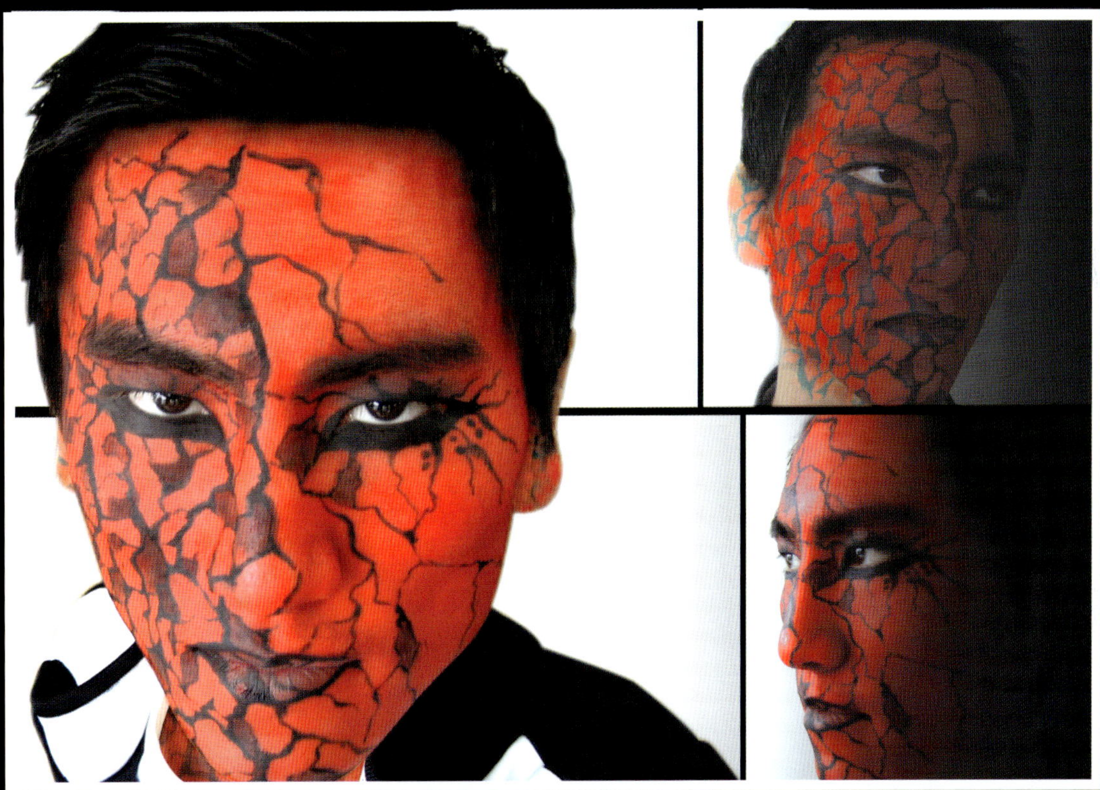

일러스트레이션 I

응용작품 I

일러스트레이션 Ⅱ

응용작품 Ⅱ

Ⅵ. 바디아트 응용 작품

1. 동물 이미지
2. 자연 이미지
3. 캐릭터 이미지
4. 회화적 이미지
5. 마스크 이미지
6. 스페셜 바디 이미지

1. 동물 이미지

Animal

동물 이미지 Ⅰ

동물 이미지 Ⅱ

동물 이미지 Map

일러스트레이션 Ⅰ

일러스트레이션 Ⅱ

동물 이미지 작품

2. 자연 이미지

Nature

자연 이미지 Ⅰ

자연 이미지 Ⅱ

자연 이미지 Map

일러스트레이션 I

일러스트레이션 Ⅱ

일러스트레이션 Ⅲ

자연 이미지 작품

자연 이미지 작품

3. 캐릭터 이미지

Character

캐릭터 이미지 Ⅰ

캐릭터 이미지 Ⅱ

캐릭터 이미지 Map

일러스트레이션 I

일러스트레이션 Ⅱ

캐릭터 응용작품

4. 회화적 이미지

Painting

회화적 이미지 I

회화적 이미지 Ⅱ

회화적 이미지 Map

일러스트레이션 I

일러스트레이션 Ⅱ

일러스트레이션 Ⅲ

회화적 이미지 응용작품

회화적 이미지 응용작품

5. 마스크 이미지

Mask

마스크 이미지 I

마스크 이미지 Ⅱ

마스크 이미지 Map

일러스트레이션 I

일러스트레이션 Ⅱ

마스크 응용작품

6. 스페셜 바디 이미지

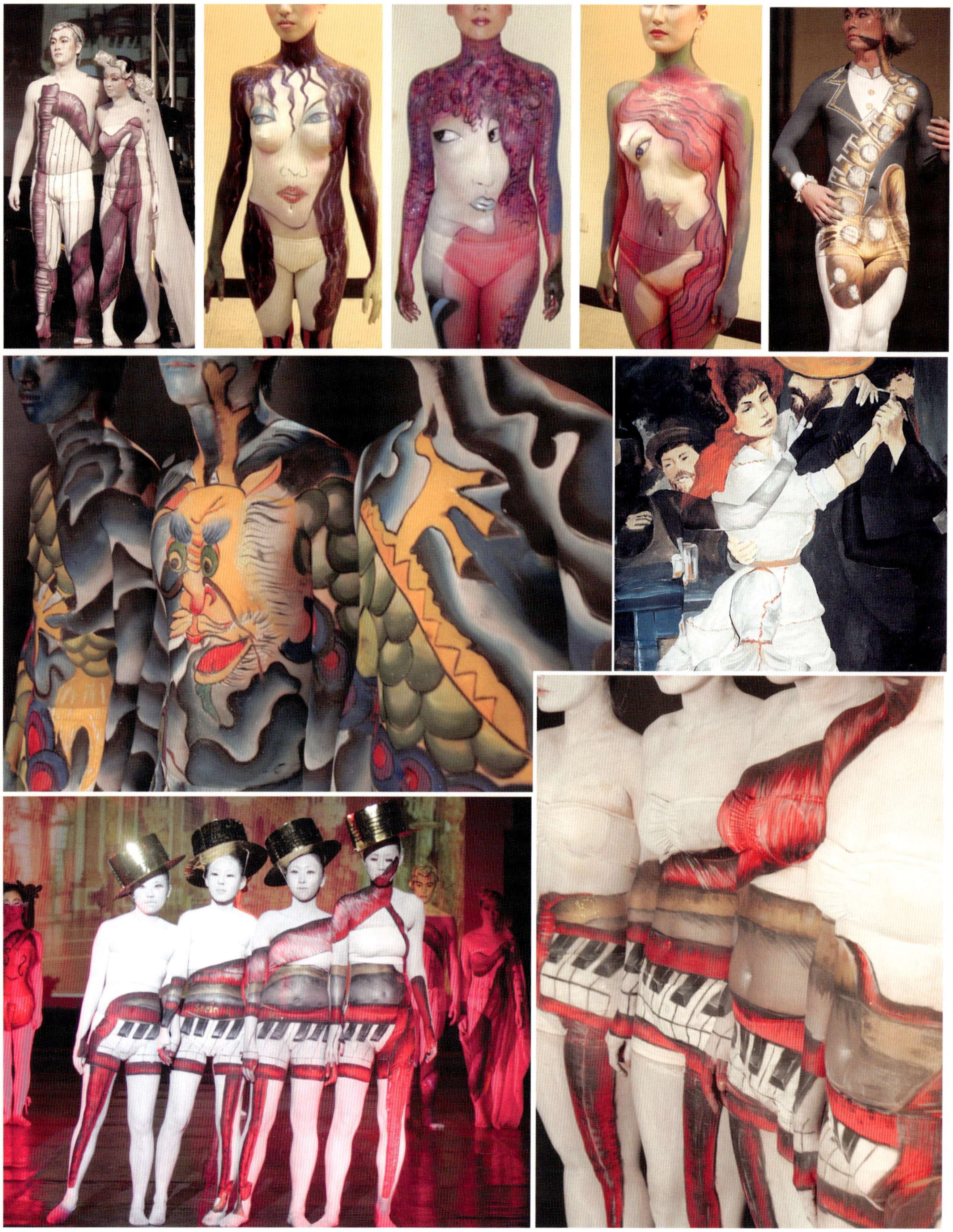

Special Body

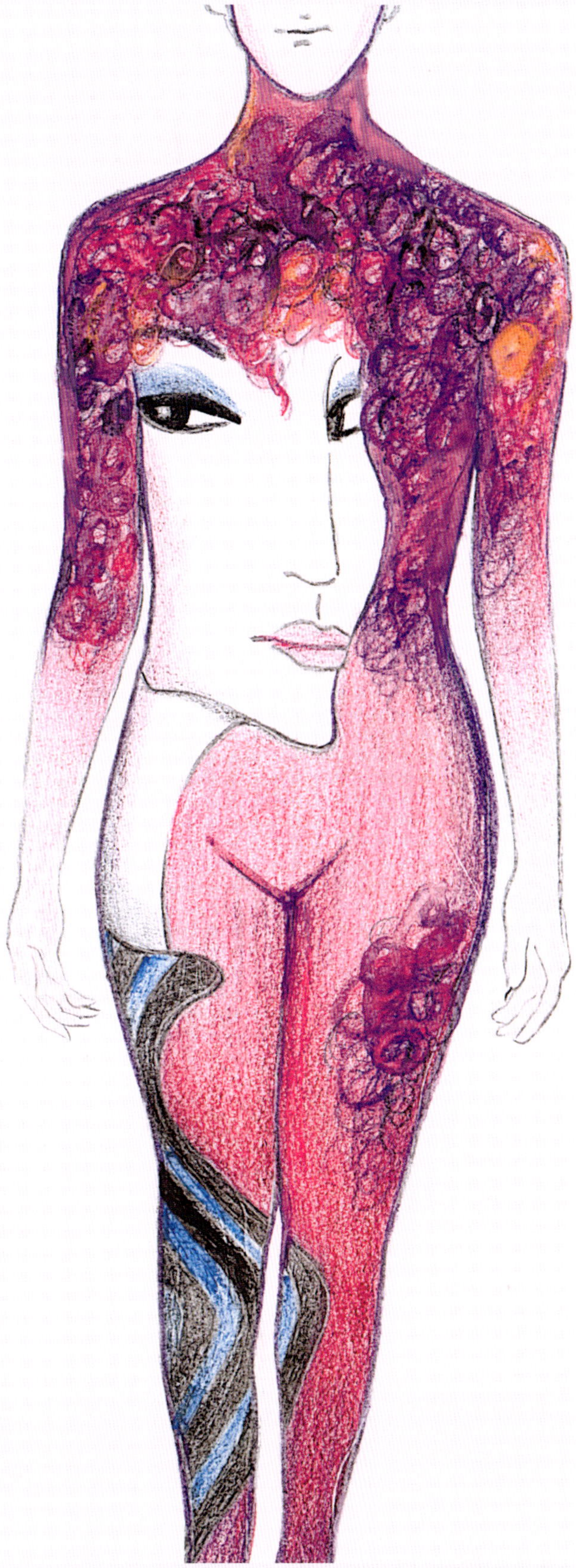

스페셜 바디 이미지 I

스페셜 바디 이미지 Ⅱ

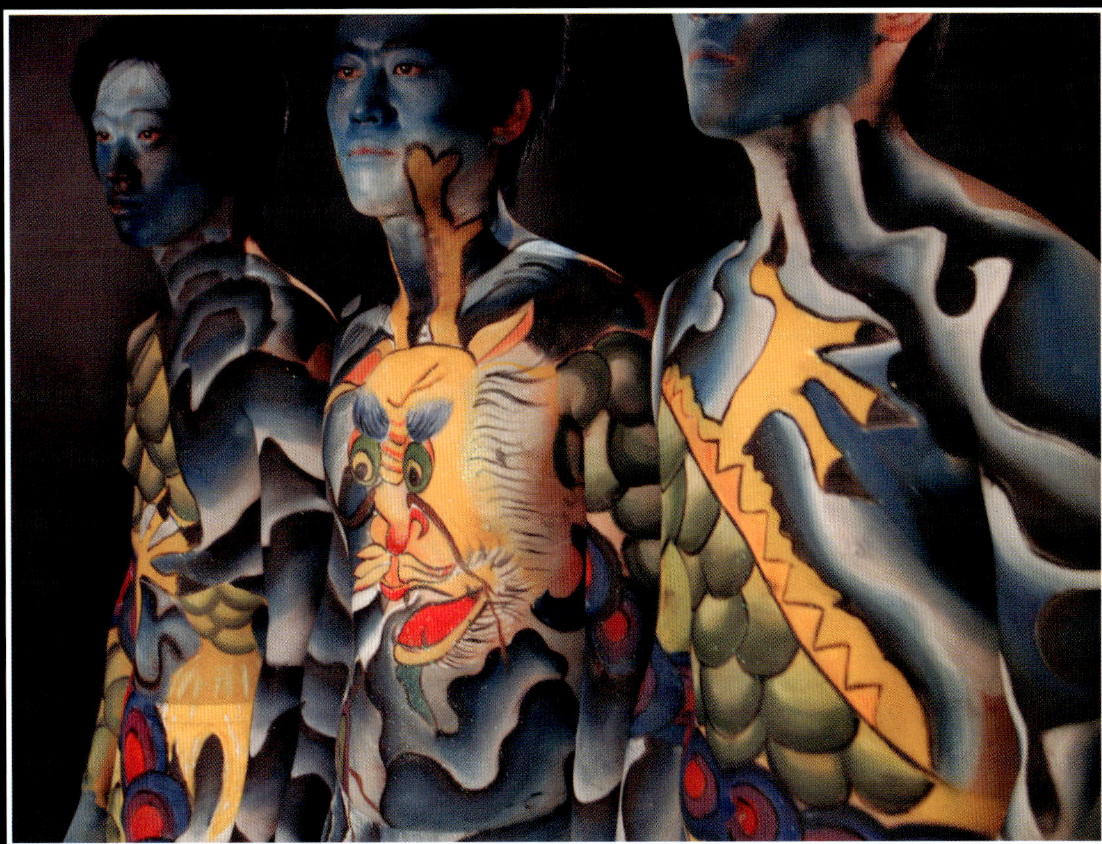

스페셜 바디 이미지 Map

일러스트레이션 I

일러스트레이션 Ⅱ

일러스트레이션 Ⅲ

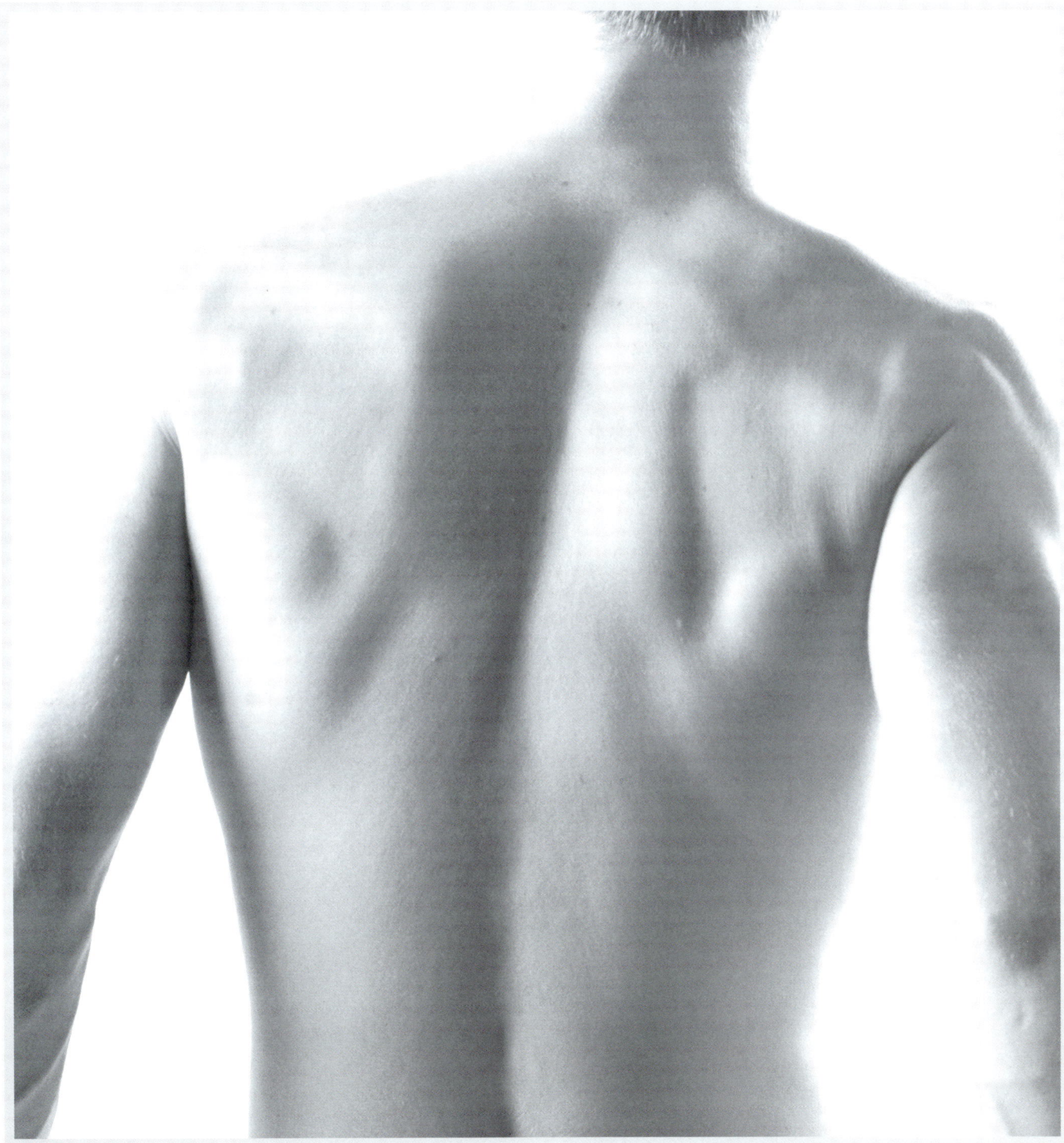

일러스트레이션 Ⅳ

일러스트레이션 V

스페셜 바디 응용작품

스페셜 바디 응용작품

Illustration

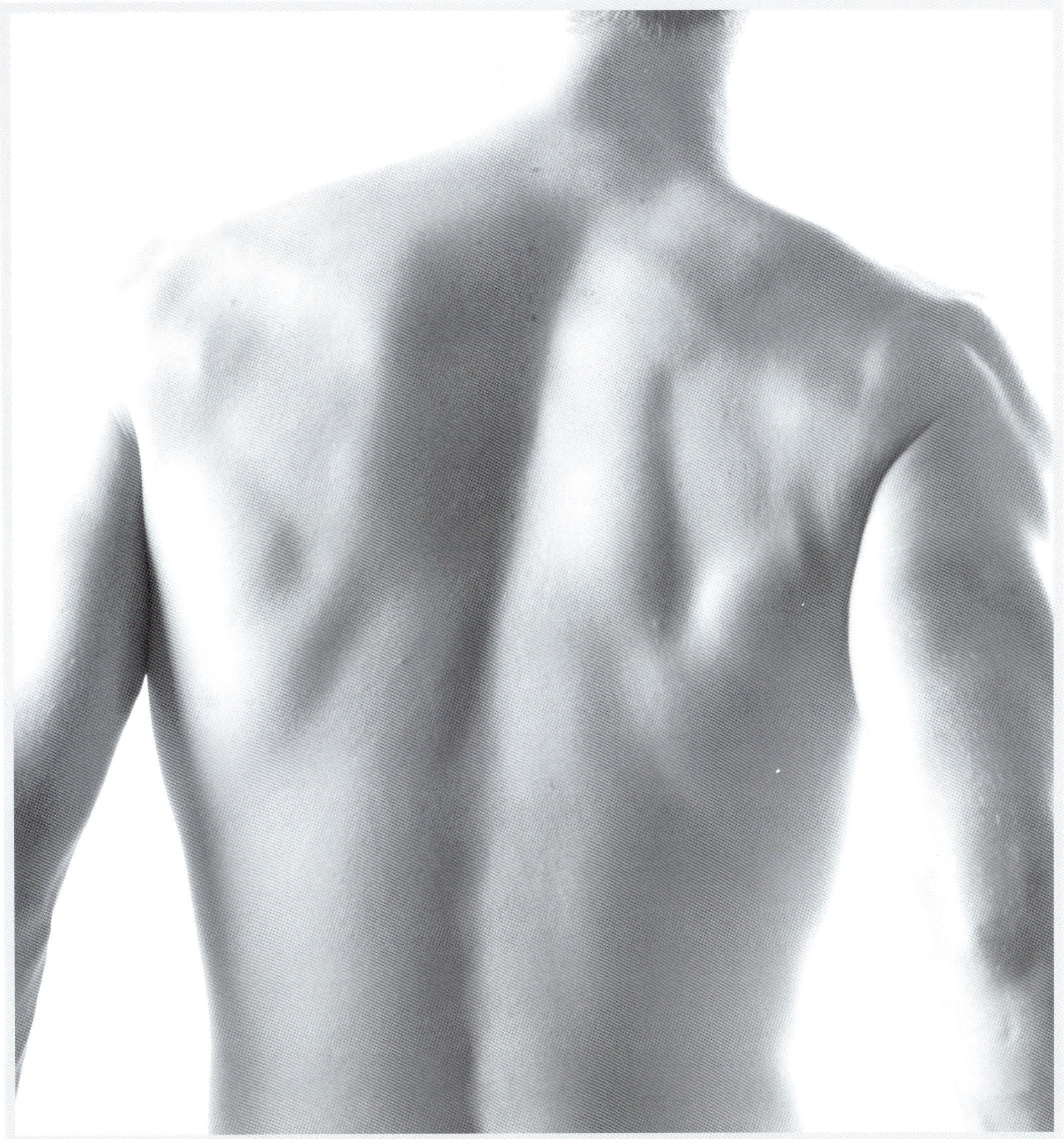

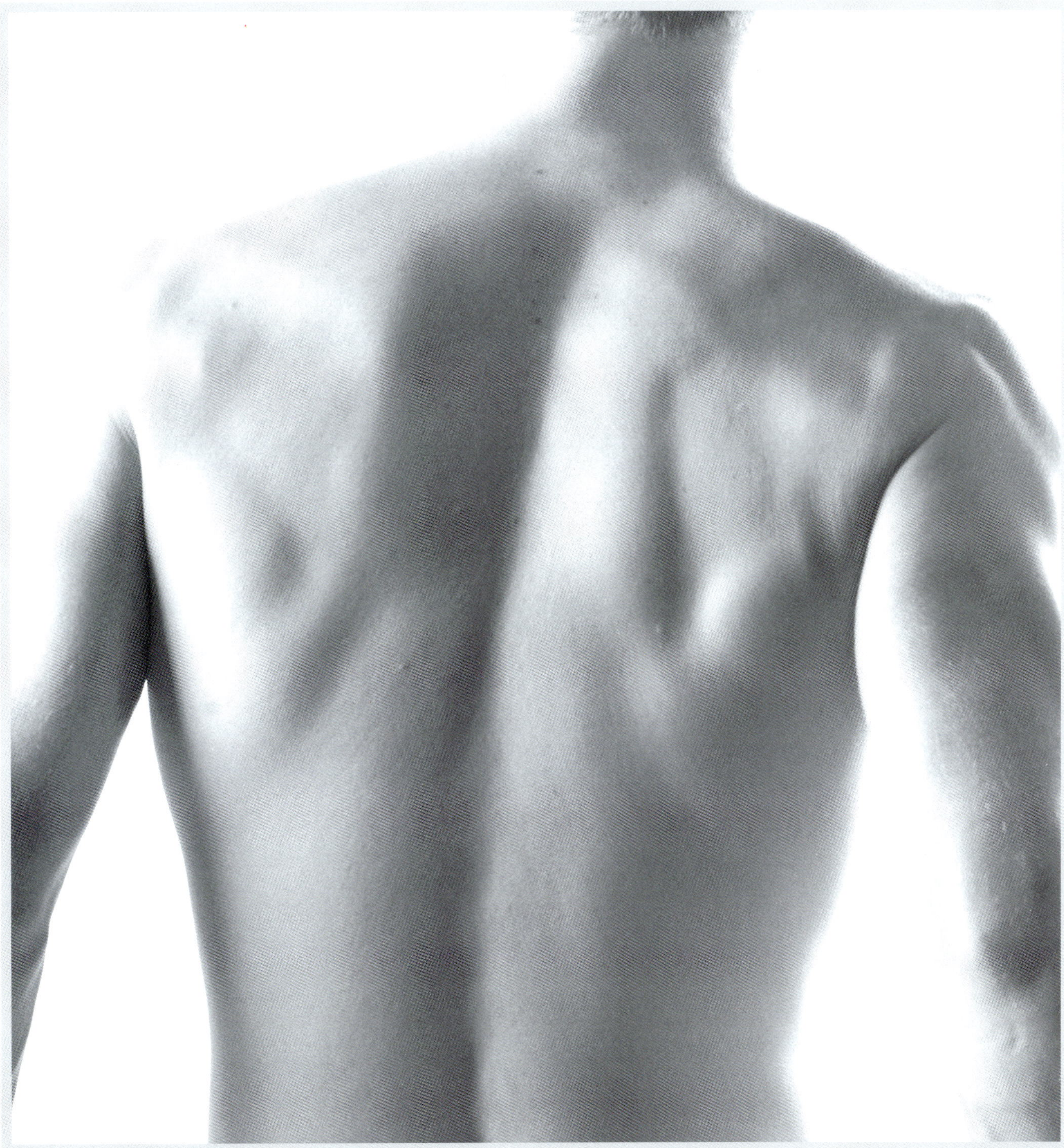

찾아보기

INDEX

참고문헌

김은중 • 김연아, 실내 조형론, 기문당, 2002
모리스 소마레즈著, 이준희편역, 기초조형, 예경, 2005
조열 • 김지현, 형태지각과 구성원리, 창지사, 1999
조현설, 문신의 역사, (주)살림출판사, 2003
스티브 길버트 지음, 이순호 옮김, 문신, 금지된 패션의 역사, 서울:도서출판 르네상스, 2004
한명숙, 마퀴아쥬예술, 1999, 청구문화사
한명숙 외 3인, 응용메이크업 실기, 2005, 세종출판사
강병석, Total Fashion으로서의 make-up에 관한 연구, 홍익대학교 석사학위논문, 1984
박정신, 신체적 조형표현으로서의 body-painting 연구, 조선대학교 석사학위논문, 2000
신채기, 올랑의 '카널 아트' : 포스트 휴먼 바디아트로서의 몸, 현대미술사연구 14지, pp.57~84
이승은, 현대패션에 표현된 신체장식의 미적특성, 숙명여자대학교 석사학위논문, 2000
정인엽, 신체표현과 감각의 예술에 대한 연구, 경원대학교 석사학위논문, 2000
하경호, 신체미술(Body Art)과 그 개념의 확장에 관한 연구, 계명대학교 석사학위논문, 1992
한명숙, 바디아트에 나타난 메이크업의 포스트모더니즘적 특성에 관한 연구, 대구대학교 박사학위논문, 2005
한명숙, 바디아트의 예술적 특성에 관한연구, 한국미용학회, 2005
김유성 • 홍세원, 바디아트에 나타난 타이포그라피 표현에 관한연구, 한국미용학회, 2005
새동아사전, 동아출판사, 1995
월간지오, 문신, 제7권 제3호(통권 제61호), 1998
Alain Rustenholz, Maquillage, Editions du Chene, p17, 2000
Mariarita Macchiavelli, body art, Fabbri Editori, 1999
Heard, Gary Lee/ Cultrara, David, Body Art, Pub Group West, p18, pp112~113, 2003
JOS BRANDS, AIRBRUSH AND MAKEUP, Kryolan GmbH, p10, 1997
Karl.Groning, Decorated Skin, Thames and Hudson, p239, 1997
Nathalie Chahine/Catherine Jazdzewski/Marie-Pierre Lannel ongue/ Francoise Mohrt/Fabienne Rousso/Francine Vormese, BEAUTE, p321, 2000
Peinture sur Visage, MAKARA, dessain et tolra, 1986
Rufus C. Camphausen, TATUAGGIO, Lyra, 1999
Sun Jie, PEKING OPERA PAINTED FACES, MORNING GLORY PUBLISHERS, 1996
Topolino, Make-UP GAMES, ASSOULINE, p36, 63, 1999
Youna Duhamel, TATOUAGES, Dessain et Tolra, 2000
다음, 네이버, 야후 백과사전
크리오란 코리아
대구대학교 조형예술대학 영상에니메이션 디자인전공
동주대학 미용계열 졸업작품

The Body Art

2006년 3월 20일 초판발행
2017년 8월 30일 초판2쇄발행

지은이 / 한명숙, 홍세원, 김유성
펴낸이 / 이상태
펴낸곳 / 청구문화사
기 획 / 이동기
주 소 / (03706) 서울특별시 서대문구 성산로11길 15
전 화 / 02) 332-0541(代) 팩 스 / 02) 337-9577
등 록 / 1990년 11월 2일 제9-247호

가격 28,000원

ISBN 89-5616-165-8 93590